年轻就要活得任性

梦芝 编著

中国華僑出版社

图书在版编目（CIP）数据

年轻就要活得任性／梦芝编著．—北京：中国华侨出版社，2016.3

ISBN 978-7-5113-5993-3

Ⅰ.①年…　Ⅱ.①梦…　Ⅲ.①成功心理—青年读物
Ⅳ.①B848.4

中国版本图书馆 CIP 数据核字（2016）第 040794 号

年轻就要活得任性

编　　著／梦　芝
策划编辑／邓学之
责任编辑／文　蕾
责任校对／孙　丽
封面设计／胡椒设计
经　　销／新华书店
开　　本／710 毫米×1000 毫米　1/16　印张/15　字数/186 千字
印　　刷／北京中印联印务有限公司
版　　次／2016 年 5 月第 1 版　2016 年 5 月第 1 次印刷
书　　号／ISBN 978-7-5113-5993-3
定　　价／28.50 元

中国华侨出版社　北京市朝阳区静安里 26 号通成达大厦 3 层　邮编：100028
法律顾问：陈鹰律师事务所
编辑部：（010）64443056　64443979
发行部：（010）64443051　传真：（010）64439708
网　址：www.oveaschin.com
E-mail：oveaschin@sina.com

序言
有一种活法叫向死而生

若能珍惜每分每秒，岁月定不会让我们失望的。
——玛丽亚·埃奇沃斯（1767—1849，
英国启蒙运动时期教育家）

当今时代，工作、学习和生活给人们造成的压力越来越大。

每个人都在不自觉地被牵扯到一些矛盾和分歧中，身为一个社会人，纵然你有多么无奈和不愿意，也无法脱身。

只有在死亡突然降临时，我们才会蓦然惊觉，原来生命是一项随时都会终止的运动。就好像我们每天追寻着阳光的脚步，从旭日东升直到夕阳西沉。看着余晖逐渐隐去，我们并不害怕，因为我们坚信明天太阳还会升起，我们依然可以面对阳光，继续过着美好的生活。但死亡让我们懂得：意外，永远都在明天的前面；死亡，将伴随着整个生命的进程。我们拥有的，只有当下。

明白了生与死的关系，我们才能坦然面对生死，超越生死。然后面对阳光，向死而生。于是，我们懂得生活中的每一天都要过得有价值；于是，我们开始珍惜生命中的每分每秒，努力让每一个当下都过得有意义。

但在这个过程中，我们常常会经历各种磨难：意外之灾降临、工作遭遇不顺、健康出现状况、人际关系糟糕、爱情遇到危机等。我们在各种苦难中颠簸着前行，怨叹悲伤。我们希望有人伸出援助之手，来帮我们战胜苦难。

不过，外在的援助之力终究只是暂时的，想要战胜苦难，就必须自己懂得战胜苦难的方法。本书中的主人公们都经历过苦难，但他们并没有被苦难打倒，而是凭着毅力和智慧战胜苦难，从而让生活过得更好、更充实。从他们身上，我们能看到各种与苦难抗争的方法。

由于生活在同一个社会环境中，他们所经历的无论是肉体上的苦难，还是精神上的苦难，我们每个人都有可能遭遇。当我们身处同样的困境时，不妨学习他们战胜苦难的方法。我坚信，我们一定能够像他们那样超越苦难，到达幸福的彼岸。

有一种活法叫向死而生。也就是说，如果你把每一天都当成生命里的最后一天，并满怀激昂地去过这一天，你将在某一天发现原来一切皆在掌握之中。

梦芝

2015 年 9 月 1 日

目录
Contents

第一辑 你做出什么样的选择，就会走什么样的路

做一个特立独行的人，年轻就要活得任性 / 002
你的精彩人生靠你来创造 / 005
这个世界给每个人的机会都是公平的 / 008
你的心态才是你真正的主人 / 012
你的人生不能由其他人替代 / 016
聆听自己内心真实的声音 / 018
你做出什么样的选择，就会走什么样的路 / 021
我们每个人都有自身的优点 / 025
有时，认识自己的缺点更为重要 / 029
是自信，还是自卑，全在你一念之间 / 031
放开心胸，未来的路会变得宽敞许多 / 034
改变命运的不是能力，是态度 / 037
坚决对“我肯定不行”说不 / 041
转移了重负，你就可以轻装上阵 / 044
失忆是为了储存新的回忆 / 047

第二辑 你得明白，脸红是美德的颜色

善意能给我们意想不到的收获 / 054

善良拥有神奇的力量 / 057

有一种“谎言”充满了爱意 / 060

道德是让人灵魂震惊的力量 / 063

发自内心的善良是高贵的 / 066

感恩父母是对孩子最好的教育 / 069

经得起诱惑，守得住灵魂阵地 / 072

经历过死亡的人，会真正懂得珍惜 / 075

让灵魂得到安宁是非常重要的事 / 078

你得明白，脸红是美德的颜色 / 080

不踩他人的底线，守住自己的底线 / 083

笑着写遗书是一种难得的豁达 / 086

把握生命中仅剩一点的时光去感受活着 / 090

信仰是一种让人安身立命的东西 / 093

宽容别人是送给自己的神奇礼物 / 095

只要心存光明，你的世界就必定亮堂 / 098

第三辑 生命有限，你要认真过好每一天

永恒的价值是在事业中寻求快乐 / 102
担心犯错就是犯下的最大错 / 104
放弃比坚持需要更大的勇气 / 108
耍小聪明的结果只能是烫伤自己 / 111
为别人点亮一盏灯，自己也会被照亮 / 114
对别人伸出援手，我们也能收获快乐 / 117
生命有限，你要认真过好每一天 / 120
智慧并不产生于学历 / 123
你不善于沟通，就只能与孤独为伍 / 126
任何一座摩天大楼，都是从第一块砖开始砌起来的 / 130
生活的芬芳来自恰到好处的慢 / 133
珍惜生命中最美好的就是幸福 / 137
撒手吧，让彼此去寻找各自的甜美 / 141

第四辑　磨难是对灵魂深度的检验

你永远不是这个世界最不幸的人 / 146
每个人的生命中都会经历磨炼 / 150
苦难是一种激励你前进的动力能量 / 152
不经历涅槃，怎有新生 / 154
从阻力中寻找生命的动力是实现梦想的另一条路 / 158
每一个挫折都孕育着奇迹的种子 / 162
自信就是把自卑转化成一种积极力量 / 166
积极情绪能化痛苦为幸福 / 169
只有迎难而上，才能看到光明的未来 / 172
磨难是对灵魂深度的检验 / 176
你不直面苦难，就得接受失败 / 179
痛苦是成长的源泉和动力 / 182
只要你有坚定的信念，就没有永远驱不走的痛苦 / 186
能战胜生命厄运的人，都是优秀的人 / 190
相信吧，快乐的日子就会到来 / 192

第五辑　你一定会看到你的坚持所创造的价值

你永远没有重新来选择一次的机会 / 196

成功的秘诀只是坚持和永不放弃而已 / 198

上帝关上所有的窗，只是为了给你开一扇门 / 201

有了梦想后，你只需全力以赴 / 204

只要脊梁不弯，就没有扛不起的山 / 208

对明天的希望，能够驱走所有的悲伤 / 211

唯一可以倚仗的就是我们的定见 / 214

你一定会看到把梦想缩小到 1 厘米来实现 / 217

只要坚持，你就一定能够成就你自己 / 221

你的坚持所创造的价值 / 226

第一辑

年　轻　就　要　活　的　任　性

你做出什么样的选择，
就会走什么样的路

做一个特立独行的人，年轻就要活得任性

循规蹈矩也许是一件好事，但特立独行绝对不是一件坏事。想要过特立独行的生活其实很简单，不去设置别人，也不要被生活设置就OK了。

理查德·费曼是美国著名的物理学家。他才华横溢，勤奋好学，但平日里处事却与众不同，极有个性。他会像小孩子一般仔细观察小生物们。他观察蚂蚁照顾蚜虫，从中得知蚂蚁能从蚜虫身上获得食物；他观察蜻蜓，从而证实蜻蜓没有毒也并不会叮人；他观察草履虫，从而发现草履虫可以变形。作为一名著名的光学专家，他与油漆工人辩论调色的问题，正是这份特立独行的生活方式成就了这位伟大的物理学家。

理查德·费曼童心未泯，他常常在生活中制造一些恶作剧。他去餐厅时，把小费放进装满水的玻璃杯，用卡片紧紧覆盖在杯子上，然后把杯子翻过来放在桌上后将卡片抽走。服务员取杯子时水流了一桌子，看着气愤的服务员，他像个孩子般哈哈大笑；他夜里悄悄地把同

学宿舍的门拆下来藏起来，第二天，一群同学因为找门而像无头苍蝇般四处乱转时，他装出很无辜、很委屈的样子，其实心中已经笑翻了天……

理查德·费曼坚持原则，他去市立大学演讲，坚持只签 13 次名，而文件恰好 13 份，为了坚持原则，他执意不签署第 14 张，那是一张支票，是大学里应该付给他的报酬；他拒绝收受贿赂，执意要把小学教科书内容修正过来。理查德·费曼悲悯济世。当初参加曼哈顿计划研究原子弹时，他本来是决定不参加的，他不想受到任何约束。不过他转念又想，恐怖分子希特勒极有可能在发展原子弹，如果被他研制成功，将会是人类的悲剧，为此他改变主意，答应加入曼哈顿计划。

一般做学术研究的人都严谨刻板，而费曼却风趣幽默，个性独特。在他的经历中，我们可以看到一个物理学家特立独行的人生。

说起特立独行，便会想到王小波的那篇《一只特立独行的猪》。那只猪与众不同，它像山羊一般敏捷，不许人靠近、跳到房顶上晒太阳、学汽笛声叫……这所有的一切都是那样特立独行，所有的人为的设置对它都不起作用，这也让一直循规蹈矩惯了的领导们痛恨不已。而读者却是会心一笑，甚至会羡慕这只猪的特立独行。就像王小波说的那样，对生活做种种设置是人的特性。我们或是设置别人，或是被人设置，在设置中，我们都变成循规蹈矩的人，好像只有这样，才能在这个社会生存。

如果没有按照设置生活，便显得格格不入，理查德·费曼便是最好的例证。不过，从他身上也可以看出：循规蹈矩也许是一件好事，但特立独行绝对不是一件坏事。想要过特立独行的生活其实很简单，不去设置别人，也不要被生活设置就 OK 了。

以培养人才著称的哈佛大学一直秉持的宗旨是：培养人才最重要的不是灌输知识，而是培养独特的性格。这份“独特的性格”也就是指的特立独行。中国台湾女作家龙应台就关于特立独行也说过这样一句话：“一个社会特立独行的人越多，天分、才气、道德、勇气就越多。”所以，不要在乎大众的目光而痛苦地改变自己的性格，去做一个特立独行的人吧。

如何做一个特立独行的人，很简单，让你的脑袋长在自己的身上，而不是别人的嘴上，就可以了。

你的精彩人生靠你来创造

我们每个人的人生都像是在爬山。通往山顶的路不可能是充满光明的坦途，而是崎岖难行的山路，甚至有时候看上去根本无路可行。很多人看前方无路可行，便止步不前，这样的人一生都只会在原地踏步，他们一生有可能不会面临绝境，但却永远也看不到山顶的风光。

阿梅是一个山区妹子，除了常年卧病在床的父母，还有一个小她3岁的弟弟。因为家境贫寒，她初中毕业便辍学了。为了补贴家用，刚满18岁的她在老乡的帮助下，在城里一家足疗店里做工。

店里还有十多个像阿梅这样的乡妹子。足疗店白天晚上客人都很多，因此她们被安排为两班制。下班后，她们便挤在一个大厅里休息，因为人太多，放不下床铺，她们只得睡在潮湿的地板上。长时间的工作量和糟糕的休息场所让她疲惫不堪，但她的基本工资只有300元。她需要挣钱供养父母和供弟弟上学，为了能够再多挣些钱寄回家，她每天都要延长工作时间，这样就能力争每个月的业绩都在前面，月底的奖金就会高一些。

很快，她便凭着优异的业绩和良好的服务态度被店里聘为足疗技师。虽然工资有所上升，但竞争也异常激烈。为了提升自己，她决定自学。她文化程度低，但她并不气馁。下班后，同事们都在玩耍时，她却一个人在寝室里埋头“啃”书，一年后，她拿到了自考大学的毕业证。

学历和知识的增加，让阿梅的自信也随之增加。她从足疗店辞职，应聘到一家全国赫赫有名的足疗休闲会所工作。她没有止步不前，而是选择继续学习。在短短四年时间里，她学了管理学、经济学、营销学等好几项课程。还参加了北京大学 MBA 等各种高端培训。她的勤奋和好学得到公司管理层的认可和赞赏，当公司要在海南开辟新的市场时，她担任了那家店的首任总经理。

如果没有规划、没有努力和坚持，阿梅可能至今依然是一名默默无闻的打工妹，但是她选择在生命的阶梯上一步步攀爬。也有沮丧失败的时候，但她却正是通过这样不断地摔打和锤炼，从一个不自信的孩子变成一个有自信的人。最终，她用勤奋和坚强，创造了自己精彩的人生。

其实，我们每个人的人生都像是在爬山。通往山顶的路不可能是充满光明的坦途，而是崎岖难行的山路，甚至有时候看上去根本无路可行。很多人看前方无路可行，便止步不前，这样的人一生都只会在原地踏步，他们一生有可能不会面临绝境，但却永远也看不到山顶的风光。

想要看到最美的风光，我们就不能被眼前的磨难所吓倒。有路往前走，没有路就自己开路筑梯，一个台阶，两个台阶，总有一天我们会把台阶筑到山顶。我们只要坚持不懈，一步步攀登生命的阶梯，总有一天，我们能够攀上生命的顶峰，实现自己的人生价值。

在通往成功的路上，我们通常遇到这种情况，在给自己设定目标的时候，总是设定那个终极目标。但实行的过程却是极其漫长和艰难的。我们想要到达目的地，一蹴而就是不可能的，反而是阿梅的办法最行之有效。

这个世界给每个人的机会都是公平的

索福克斯说：“人世间有许多奇迹，但人比奇迹更神奇。没有勇气和追求正义的决心，这个人的一生都总将碌碌无为；但如果有了勇气和决心，生命的每时每刻都是一个奇迹，每一寸空间也都是一个奇迹。”

有人的地方就有江湖，有人的地方也有元首。一般说来，能成为执政者，必须学才兼备。进入知识社会，对国家最高首领的学问要求就更高了，博士、硕士、研究生，最少也得是大学毕业才行。而在这些高知领袖中，却有一个人是例外，他虽贵为一国领袖，却只受过小学教育，这个人就是巴西的上一任总统路易斯·伊纳西奥·卢拉·达席尔瓦。

1945 年 10 月 27 日，卢拉降生在巴西东北部伯南布哥州内地的一个贫穷家庭里。为了生存，父亲带着母亲和他们兄弟姐妹八个移居到圣保罗。小时候，为了挣钱贴补家用，卢拉利用课余时间做擦鞋匠、临时邮差和沿街小贩。即使是这样，家里依然无法养活他们，更别说供他上学。

因为贫穷，12 岁那年的卢拉不得不辍学做了一名洗染店学徒，然后又做了一家五金厂的仓储工。因为年龄太小，他受尽了艰辛和老板的白眼。但是他没有自暴自弃，为了改变生活，他报名学习机械车工课程，在 18 岁时，他学完课程，并在一家拉斯雷斯公司担任车床工。

但当他的生活刚有起色时，不幸再次降临到他头上。21 岁那年，在工厂工作的他因为一次意外割断了一根手指，工厂老板拒绝赔偿。他将老板告到工会，而此时的工会正受到右翼专制政府的压制，政府保护企业老板的利益而判他败诉。这件事激起了他维护工人权益的意识，于是他积极投身于工人运动。

25 岁那年，他因为组织工会大罢工而被逮捕拘禁。当他从监狱里放出来的时候，灾难再次降临到他的头上。他怀孕 8 个月的妻子患了重病，但是手头拮据的卢拉却没有钱给妻子治病，只能眼睁睁地看着妻子与肚子里的孩子一起死去。这个致命的打击让他几乎失去了活下来的勇气。

不过，坚强的意志让他慢慢恢复理智。他知道造成这种结果的根源就是贫穷，这更坚定了他为贫穷百姓振臂高呼谋取大众利益的决心。他的真诚和勤奋打动并得到了工人们的拥护和赞成。在他 26 岁时，他当选为当地工会领袖，并先后两次发起工人大罢工，成为当年巴西反抗军政府独裁统治的“先锋”人物。

在一次他领导的罢工运动中，他再一次被逮捕，老百姓们愤怒了，政府迫于群众压力最终将其释放，这次事件让他深刻明白自己是属于穷人们的。为了能够更好地为穷苦的老百姓做事，他萌发了参加总统选举的念头。2002 年，他以温和稳重的形象以及为民请愿的意念博得了民众的支持。在百姓们的拥护下，他击败了对手，赢得了总统大选的胜利。

小时候艰苦的生活经历让他轻而易举地融入平民百姓的生活，对于社会底层劳苦大众们的悲惨生活，他感同身受。于是他推行了“零饥饿计划”“家庭救助金计划”等系列社会政策。在他的任职期间，国家的贫富差距明显缩小。直接受益人群达到 1 亿多，贫困人口减少 20% 。在他任职期间，国家经济得到快速增长。

卢拉从一个只念过小学五年级的贫穷孩子，跻身成为国家最高元首，这不能不说是一个奇迹。而奇迹的背后，有他付出的艰辛和努力，更有他敢于去追求正义的决心。正是这份决心，让他的生命在厄运中开出一朵奇迹之花。

索福克斯说：“人世间有许多奇迹，但人比奇迹更神奇。没有勇气和追求正义的决心，这个人的一生都总将碌碌无为；但如果有了勇气和决心，生命的每时每刻都是一个奇迹，每一寸空间也都是一个奇迹。”

只要有勇气和决心，每个人都能够创造奇迹。能够创造奇迹的人并没什么身份背景上的要求，帝王家的后代可以创造奇迹，泥瓦匠家的后代也同样可以创造奇迹，卢拉的奇迹便说明这一点。所以不要再以出身背景来束缚自己。

智慧可以创造奇迹，所以要做的便是凝集智慧。信念也可以创造奇迹，所以要磨砺坚强的信念。有了这两点，再有追求的勇气和决心，坚持下去，你总会创造属于自己的生命奇迹。

在人生的路上，固然需要谨慎，但是千万不要被自卑缚住自己的手脚，也千万不要低估自己的才能，不要说英雄无用武之地，这个世界给每个人的机会都是公平的。

你的心态才是你真正的主人

一个人有什么样的心态，便会有什么样的追求和目标。有一位哲人曾经说过："你的心态才是你真正的主人。"在生活中，不幸总是在不经意间降临，我们不能躲避厄运，但我们却可以控制自己的心态。心态掌控着我们的人生，我们的人生是成功还是失败，全部取决于是否拥有一个好的心态。

她是一个年轻漂亮的舞蹈教师，有一个聪明可爱的女儿。如果不是那场撼天动地的特大地震，她的生活将会一如既往地宁静和甜美。但就在2008年5月12日那天下午，突如其来的灾难降临在她和她的乡亲们身上，她那时正和女儿在屋里，眼睁睁地看着屋顶向她们母女砸下来，她却无法躲开这场浩劫。那场地震在一瞬间夺去了数以万计的人的性命，其中有她的女儿，还有她的一双腿。

截肢后，她躺在病床上，来看望她的人一拨又一拨，感受到他们的关怀，她心中充满了感动和感恩。为了不让所有人为她难过，因此她微笑着告诉大家"没关系，我很好"，但她的内心深处却充满了痛苦和恐惧。她思念女儿，想到女儿的身体在废墟下慢慢变凉，她的心便会撕心裂肺似的痛。

在承受丧女之痛的同时，她还必须面对自己没有双腿的残酷现实。她是一名舞蹈老师，双腿是她事业的基本要件，没有了双腿，她的事业还要怎样继续下去？而且事业没有了，总还要生活，她总不能一辈子都被禁锢在轮椅上。为了能够自由地站在阳光下，她选择装义肢。

但假肢是塑胶钢管组合而成，冰冷而坚硬，套在刚长出嫩肉的断腿创面上，那种摩擦像是无数颗针扎进肉里，巨大的疼痛让她心中对假肢充满浓浓的恐惧。每天早上一睁开眼，看到摆在床头的那对假肢，她就觉得有一股寒流涌进心里，让她彻体冰凉。如果她能站起来走到窗前，她会把这对冰冷的东西重重地掷出窗外。但她不能，如果没有人帮助，她甚至无法从床上下来。

她不想就这样放弃自己，于是咬着牙练习假肢，但一次次巨大的疼痛和不可把控的感觉让她终于崩溃了。在一次摔跤后，她把一对假肢扔得远远的，发誓再也不触碰它们。看着沮丧而绝望的女儿，心疼不已的母亲紧紧地抱着她说："咱们不装假肢了，妈妈会照顾你，妈妈永远都会在你身边照顾你。"接下来的日子里，她心安理得地坐在轮椅上，任由父母来照顾自己。饭来张口、衣来伸手，她想生活这样子过下去其实也不错。

但很快她就发现，这样的逃避根本不可能解决问题。那天，她睡醒了想要去上洗手间，平日里都是母亲抱她去，可那时母亲有事出去了，她只好坐在床上等待。等了很久也不见母亲回来，而她已经无法再憋下去。无奈之下，她只好顺着床边慢慢滑下去，然后跪着爬到外面客厅。她无法忍受自己爬进洗手间，于是拿起摆在客厅里的假肢穿上。

因为好多天都没有练习穿假肢，她对假肢更加无法把控，跌跌撞撞地刚走进洗手间，她便身子往前一倾重重地摔倒在地上。她的头狠狠地撞在座便器上，头发散开浸在污水里，剧烈的疼痛让她几乎晕过去。她挣扎着爬起来，本想要狠狠咒骂一句，但一眼瞥见镜子里那个披头散发、狼狈不堪的自己，她的怨气和委屈在瞬间被压下去，取而代之的是深深的恐惧，难道这就是将来的自己吗？将来自己就要过这样没有尊严和自由的生活吗？

“不！绝不！”她冲着镜子里的自己大声而坚定地说。

接下来的日子里，她疯狂地练习穿假肢。每天除了吃饭，剩下的时间她便把自己关在卧室里，穿着假肢抬腿、转圈、压韧带，断腿的创面一次次被磨出血，每走一步都像是踩在锋利的刀尖上，但她毫不放弃，依然咬紧牙关坚持着练习。

半个月后，她挺直腰板、迈着稳健的步伐走出卧室，那一刻，父母的眼睛里含满了泪水。两个月后，她松开妈妈的手，勇敢地随着人群穿过街上的红绿灯。半年后，她拒绝母亲的陪同，一个人回到家乡参加“鼓舞”义演。当她在舞台上随着音乐优雅地旋转时，观众们都惊呆了，眼前这个舞姿优美的美丽女子，哪里像是一个没有双腿的残疾人?！而当她把假肢摘下来扔在旁边，然后残缺着双腿跪在鼓上击打时，所有人的眼里都盛满了眼泪，大家都被她的坚强所感动。

她就是当年汶川地震中的最美舞者廖智。柳絮没有翅膀能够飞翔，而她没有腿也能旋转。从失去一切对生活绝望，到在阳光下自由行走飞舞，是积极向上的态度拯救了她，改变了她的人生。她的事迹感动了无数人。

虽然时隔多年，但一提到汶川那场大地震，依然惊心动魄。而那场地震也改变了很多人的生活。当一个个完整的躯体在一瞬间变得残缺时，他们的命运也注定会变得悲凉。不过，有一个因素能够改变这种命运，那就是心态。廖智的经历证明了这一点。

一个人有什么样的心态，便会有什么样的追求和目标。有一位哲人曾经说过："你的心态才是你真正的主人。"在生活中，不幸总是在不经意间降临，我们不能躲避厄运，但我们却可以控制自己的心态。心态掌控着我们的人生，我们的人生是成功还是失败，全部取决于是否拥有一个好的心态。

人生是一个过程，在这个过程中，所有人都在追求幸福，但很快我们就会发现，追求幸福的路上困难重重。不过，要明白患难不是为了为难人而生的，它是为了让人从中学习并总结足够的经验，用那些因患难而生的经验去面对命运每一次的考验。只要你有坚强乐观的态度，人生就一定会与众不同。

你的人生不能由其他人替代

“你必须自己开始。假如你自己不以积极的爱去深入生存，假如你不以自己的方式去为自己揭示生存的意义，那么对你来说，生存就将依然是没有意义的。”犹太哲学家马丁·布伯的这句话，我一直认为是最重要的。人生中无论做什么事情，要想有收获，都需要自己开始行动，只有真正地付出，才能有所收获！

我有时会想起邻居家的孩子，当初他高考时分数太低，连二本的录取线都没有过，他又不愿意复读，最后只得考取了一所职业学校。在学校里他还算努力，成绩一直很好。但两年学成以后，成绩优异的他却并没有出去找工作。他回到家里，每天只是上网玩游戏，做了一个地地道道的啃老族。

亲戚朋友都劝他凭自己学的知识出去找工作，但他总是抱怨现在工作太难找。他振振有词地说，就连那些本科生都找不到工作，更何况他只是一个专科生。他舅舅见此情景，托人给他找了一份与他专业对口的工作。谁知过了几天，他就又辞职在家。问其原因，他抱怨工作很乏味，很单调。并说要进修本科，以期望将来能找到一份称心如意的工作。

在家人的支持下，他参加了自学考试。每天吃完饭，他就把所有的时间都用来看书学习，两年后，他顺利地拿到了本科毕业证。大家都以为这一次他一定可以找到适合自己的工作了，谁知他却摇头说，现在研究生遍地都是，本科生哪能找到好工作，所以他决定考研。

经过一番努力之后，他终于考研成功。几年学习之后，他拥有一身知识。但经过几次寻找工作之后，现在他依然在家里，整日无所事事。大家提到他都会摇头叹息，因为他学到了很多知识，却没有身体力行，所以他学习的知识永远只是遥远的知识，并没有化为他的生命体验。

每一个人都要有自己的人生，而且这份人生只能你自己去走完。任何一个人的人生，都不能由其他人替代你，帮你开始，帮你完成。那样的话，就不属于你的人生了。

我们总是习惯去外面的世界寻找力量，来帮我们完成人生。于是我们拼命地学习知识，就像邻居家的孩子一样。最后我们可能拥有一身的知识。但如果我们不行动起来，不亲自运用这些知识去发现问题，解决问题，开创事业，那么我们拥有这些知识又有什么意义呢？

“你必须自己开始。假如你自己不以积极的爱去深入生存，假如你不以自己的方式去为自己揭示生存的意义，那么对你来说，生存就将依然是没有意义的。”犹太哲学家马丁·布伯的这句话，我一直认为是最重要的。人生中无论做什么事情，要想有收获，都需要自己开始行动，只有真正地付出，才能有所收获！

聆听自己内心真实的声音

每个人的人生总会面临这样那样的选择，不要盲目和跟风，静下来看看自己的内心最想要做什么，聆听自己内心真实的声音，不要被别人的观点所左右。只有追随自己的心，才能保持旺盛的激情，这样才能走向成功。

熟悉网络的人，都知道曾经任谷歌、微软、苹果等多家 IT 公司的副总裁，现任创新工场董事长兼首席执行官的李开复。

他 11 岁便去了美国留学，在那儿开始了他传奇的一生。他开发了全球第一个“不特定语者连续语音识别”系统，被美国《商业周刊》评为 1988 年最重要的科学发明。他开发了“奥赛罗”人机对弈系统，亲手创办微软中国研究院，后来就任微软公司全球副总裁，成为比尔·盖茨的七位高层智囊之一。然后又加入谷歌公司，任全球副总裁兼大中华区总裁。他面临着人生中无数次选择，而每一次，他都用自己的梦想指路，顺应自己的心往前走。

“人生在世时间非常短，如果你总是不敢做想做的事情，那么一生过去了，你留下来的只有悔恨，只有懊恼。我常常说追随我心，当然追随我心必须是要在负责、守信、守法的前提之下。在这个前提之下，冒一些风险也是值得的。虽然经历风险的日子可能会比较艰难，但如果我不这样做，那蹉跎十年、二十年后，我可能会后悔终身。”这是李开复自传《世界因你而不同》里面的一段话，也正是这个思想观点引领李开复走向成功，开创一个又一个奇迹。执着、自信、乐观使他的每一次的选择都成为他成功的自我超越。

在选择学习专业的时候，李开复也茫然过。他踏进大学以前的梦想是哈佛大学的法律和数学。可是因为种种缘故，他被哈佛拒绝了。李开复并没有沮丧，为了争取主动掌握权，他给 12 家大学递交了申请书，在他的努力下，最终顺利地进入哥伦比亚大学。李开复深深懂得兴趣决定成功的道理，所以在大一时，他尽量多接触各种课程，以便找到自己的兴趣所在。他尝试了选学法律、数学，但他发现这两项专业很枯燥乏味，他对它们提不起兴趣，于是他放弃了它们，最终选择了让他很感兴趣的计算机专业。不久后，他便成了计算机领域的“牛人”。正是坚持“追随我心”这个信念，李开复在网络世界开创了一片传奇的天地。

“用勇气改变可以改变的事情，用胸怀接受不能改变的事情，用智慧分辨两者的不同。”这是李开复一生的座右铭，他用自己的人生智慧告诉世人：“要用你的梦想引领你的一生，要用感恩、真诚、助人圆梦的心态引领你的一生，要用执着、无惧、乐观的态度来引领你的人生。”李开复的人生经历告诉我们：抓住一切去探寻生命的意义，总有一天，世界将因你不同。

李开复显然都是“追随自己的心”的受益者。因为聆听了自己内心最真实的声音，他知道自己想要什么，该做什么，有了明确的目标和坚定的信念，他的事业才会蒸蒸日上。

是去选择适合自己的学习方法，找准自己的兴趣所在，只有做到这两点，才能准确地寻找到自己人生的位置。

每个人的人生总会面临这样那样的选择，不要盲目和跟风，静下来看看自己的内心最想要做什么，聆听自己内心真实的声音，不要被别人的观点所左右。只有追随自己的心，才能保持旺盛的激情，这样才能走向成功。

你做出什么样的选择，就会走什么样的路

在这漫漫旅途中，我们将会面临许多选择。一定要记住，每一次选择必须是一次超越，否则就不要选择，因为没有超越的选择对生命没有任何意义。

财富和成功是一个永恒的话题。如何才能成功？这是许多人一生都在拼搏的事情，而 YouTube（世界最大视频网站）的创始人陈士骏却轻而易举地做到了，在他还未满 30 岁的时候，他便已经事业有成，并成为亿万富翁。

陈士骏从小就对计算机编程感兴趣，在小学六年级的时候，他便已经写出生平的第一个程序，程序的成功让他更加执着地追求自己的爱好。他把课余时间全部用来钻研计算机编程，中学时期他便已经熟练地掌握了 Basic 语言、C 语言。

后来，他又凭着优异的计算机专业成绩进入伊利诺伊州大学香槟分校。这所大学的计算机专业在全美国排名前五，可想而知 IT 科研氛围有多浓厚。他整日里与计算机爱好者为伍，恰是如鱼得水一般惬

意。他的父母和朋友都以为他会一直学下去，谁知就在离毕业还有半年的时候，他却毅然辍学。这让他的家人和朋友都很意外，他告诉他们，他的两位学长推荐他去硅谷的创业公司。他的心告诉他，他应该去！

为了坚持自己的梦想，他放弃了即将到手的学位，怀揣着200美元奔向硅谷，加入了创业公司。在公司里，他的才华得到施展，经过他与团队的合作打拼，公司的业绩蒸蒸日上，而他也成了公司里优秀的工程师之一。

但他并没有沉溺于取得的荣誉中，他满脑子都是创业的想法。在他面前摆着两条路，一条是继续做公司的工程师，领取丰厚的薪水；另一条是前途未卜的个人创业之路。此时，他的心再次告诉他，去创业，开创自己的天地。

他放弃了高薪工作，开始了艰辛的创业。他吸纳几个有着同样创业热情的同事，购买了服务器，在一间车库里开创了他们的视频网站。创业初期，既找不到投资，也没有薪水，几个年轻人只是凭着一腔热忱打造着自己的梦。他们经常每天工作18个小时以上，而且一年几乎没有休假的时间，但他们并没有放弃。现在，他率领创建的视频网站已经成为全球最大的一家视频网站，每月的全球独立用户已经达到了八九亿。

身为世界上最大视频网站YouTube的创始人，陈士骏一路追随自己的心，做出成功的选择，从而攀上了事业的巅峰。他说：“如果你拥有的一切在一瞬间会全部消失掉，你就明白了不该浪费时间、不该过得无聊、不该消耗生命。你要做的便是追随自己的心，选择你最喜欢的事情，然后去做，并尽最大努力做你想做的事情!”

有人说，命运不是机遇，而是选择。这句话很有道理。人的一生其实就是一次次选择的过程。你做出什么样的选择，就会走什么样的路。你可以选择朝九暮五地工作，你也可以选择自由地创业。你可以选择开心豁达的生活，也可以选择悲伤消极的生活。很多人以为，决定自己做什么工作过什么生活的是拥有的能力，其实这样的观点是错误的。决定你是创业者还是打工仔，是开心生活还是不开心生活，全在你自己的选择。

选择，是一种能力，一种对自己的喜好做出最正确的判断的能力。最好的选择，应该让你对未来充满激情，愿意为之积极工作，愿意为之付出一切的选择。

人生说长，其实也不长，经不起几次从头来过。所以，选择对了，就是节省时间。如果选择错了，就是浪费时间，浪费生命。

人生说短，其实也不短。如果没有意外的话，我们将会在这个世界停留八九十年，甚至一百年呢。在这漫漫旅途中，我们将会面临许多选择。一定要记住，每一次选择必须是一次超越，否则就不要选择，因为没有超越的选择对生命没有任何意义

选择和放弃，是对立面。有选择，就有放弃。在这个过程中，我们总会有不舍的时候。既想要得到自己想要的，又不想放弃已经拥有的。这个时候，我们需要拿出断、舍、离的心态来。鱼和熊掌，总是不能兼得的。

今天的生活，是之前选择的结果。而今天的选择，则决定了未来的生活。想好在未来过什么样的生活，今天你就才会做出轻松的选择。

我们每个人都有自身的优点

能有外力指出自己的优点，那是一种幸运。能靠自己发现自己的长处，是一种能力。这种能力是可以训练出来的。我们要学会了解自己的本心，然后就会发现，我们本身是有很多优点的，健康、爱、聪明，还有通过学习所获得的知识。

许多人都知道法国巴黎的埃菲尔铁塔是一座举世闻名的高塔建筑，但却鲜少有人知道铁塔的建造者古斯塔夫·埃菲尔也是经人点拨顿悟后找到自己身上优点的一个人。

1832 年的冬天，古斯塔夫·埃菲尔降生在法国东部的第戎城里，他从小就对建筑构造很感兴趣，埃菲尔把所有精力都用在了他感兴趣的建筑构造上，对学习完全不用心。但学习是一件需要日积月累的事情，付出多少才能收获多少。中学毕业时，他与自己梦想中的理工大学失之交臂，这对梦想成为一名工程师的埃菲尔来说，是一个严重的打击，他沮丧、灰心和难过，甚至想过去母亲的煤栈帮忙。

如果他的生命中没有遇到一个名叫玛格丽的女孩子的话，可能这个世界上便会多一名煤栈老板，而不是一名著名的建筑工程师。玛格丽是一个美丽而倔强的姑娘，在他最沮丧的时候，她握着他的手说："埃菲尔，不要放弃，我相信你一定能够成为一名建筑工程设计师的。"

"我不行。"埃菲尔痛苦地摇头，"我连大学都没有考上，怎么去实现我的梦想？"

"你行。你身上有实现梦想的一切要素：健康、智慧、热情、勇气。只要你肯利用好这些要素，你一定能设计出闻名于世的建筑。"

玛格丽的鼓励给了埃菲尔莫大的自信。爱情和梦想在激励着埃菲尔，他选择了复读。这一次古斯塔夫·埃菲尔汲取了上一次的教训，无论是酷热的夏天还是寒冷的冬天，他总是坚持通宵达旦读书学习。功夫不负有心人，第二年古斯塔夫·埃菲尔凭着优异的成绩考上法国综合技术学院求学，随后又转到工艺技术学校去并以良好的成绩拿到毕业证书。

在埃菲尔 24 岁那一年，他接到了生平第一个工程——加隆河铁道桥工程。在工程设计中，他大胆地运用了高压空气来驱动桥墩的技术，他的大胆设计使工程获得巨大的成功。随后他又完成了波尔多大桥等工程设计项目。

在事业成功的同时，埃菲尔与玛格丽携手走进婚姻的殿堂。在他们相伴 15 年后，玛格丽不幸生病去世，而这期间，埃菲尔完成了一个又一个工程项目，取得了一个又一个的成就。看着爱人的成功，玛格丽在欣慰中闭上了双眼。玛格丽去世后，古斯塔夫·埃菲尔发誓，要建造一座通天的高塔，他要站在离天堂最近的地方对玛格丽说他爱她。

1889 年巴黎举行世界博览会，为此政府决定在巴黎建造一座标志性的建筑群来纪念这次会议。参选的古斯塔夫·埃菲尔设计了一座摩天高塔，为了设计这座高塔，埃菲尔用了足足五千张设计图，最终他取得了设计权。建成后的高塔直指苍穹。古斯塔夫·埃菲尔登上铁塔的顶端。在离天堂最近的地方，他对苍穹大声喊着玛格丽的名字说："我爱你！"他爱玛格丽，也感激玛格丽，因为正是玛格丽的鼓励让他看到自己身上的优点，因此找回自信，从而成就了他的人生。

其实，我们每个人身上都有自己的宝贝，爱、自信、坚强……这些宝贝就是我们的风格和优势。林清玄说，在人生里，每一个人都有独特非凡的素质，有的香盛，有的色浓，很少能兼具美丽而芳香的，因此我们不必羡慕别人某些天生的素质，而要发现自我独特的风格。那些出类拔萃的人，正是在早期便发现了自己身上的这些长处，然后用这些长处去持之以恒地做一件事，才最终获得成功的。

每个人都有长处，但并不是每个人都能发现自己的长处。因为人类总是习惯去外界寻求力量，却很少有人内视自己。

能够发现别人的长处，是一种能力，能够被人点拨自己的长处，是一种幸运。古斯塔夫·埃菲尔是幸运的，在玛格丽的鼓励下，他发现了自己的长处，成了一个著名的建筑设计师，并建造了举世闻名的建筑。

能有外力指出自己的优点，那是一种幸运。能靠自己发现自己的长处，是一种能力。这种能力是可以训练出来的。我们要学会内视自己的本心，然后就会发现，我们本身是有很多优点的，健康、爱、聪明，还有通过学习所获得的知识。

只要我们发现并去挖掘出这些优点，我们就会充满自信和勇气，有了自信，我们就会去拼搏和奋斗；有了勇气，我们就不会害怕挫折和失败。而心中的爱可以让我们的心变得平和与豁达，对人也会多几分包容。只要我们对他人常怀包容心，那么我们的人生之路也会变得平坦而轻松。

有时，认识自己的缺点更为重要

发现了自己的缺点后，也不要自卑。要知道，太阳那么明亮，还有黑点呢，更何况我们只是普通人。发现缺点是为了让我们控制缺点，并改正缺点。只有能够控制自身缺点的人，而不是被缺点控制住的人，才是生活的强者。

三国中的诸葛亮，以谋略著称于世，他的聪明才智几乎达到了世上无人能及的地步。但是，他也有缺点。在对待魏延的态度上，他就犯了以貌取人的错误。魏延才华出众，骁勇善战，本是一位不可多得的将才。但偏偏他在后脑勺长的枕骨突起。而这块突起的枕骨又被诸葛亮所看到。凭着自己是易学专家，诸葛亮指出魏延有反骨，因此断定魏延将来必定反叛。所以他一直对魏延有防备之心，甚至身后还设计让马岱杀了魏延。德才兼备的诸葛亮太迷信自己的才学，才会杀掉这样一位骁勇善战的大将，以至于蜀国到最后竟无可用之将才。

一个是聪明才智举世无双的人，尚且有自己的缺点，更何况是寻常人。因此可以说，世界上人很多，但没有一个人是完美的，每个人都有缺点。

古语云："美玉无瑕。"每个爱玉之人都盼着拥有一块无瑕的美玉，但是，所谓的无瑕美玉或者玉雕实在是凤毛麟角，几乎不存在世上，绝大多数玩家收藏的多是瑕瑜共存的原石。人亦是如此，因为每个人都有认识的局限，所以谁也不能保证自己是完美的人。

所谓背上有灰，自己瞧不见。是说很多人只看到别人的缺点，却看不到自己的缺点。我们经常看到某些吝啬的人却抱怨别人不够大方。某些人在网络上指责别人没有公德心，但自己出门却也乱扔垃圾，前一秒钟骂有特权的人，但自己去办事或看病，也是找熟悉的医生，而不是挂号排队。诸如此类的事情还有很多。

这些人对别人的缺点指指点点，而且在指责中充满了正义感。但他们却忘了，如果自身没有这些缺点的话，就不会在发现别人的缺点后如此愉快。"我们嘲笑别人的缺陷，却不知道这些缺陷也在我们内心嘲笑着我们自己。"这些从不反思自己有没有缺点的人真应该好好听听托马斯布朗这句话。

发现了自己的缺点后，也不要自卑。要知道，太阳那么明亮，还有黑点呢，更何况我们只是普通人。发现缺点是为了让我们控制缺点，并改正缺点。只有能够控制自身缺点的人，而不是被缺点控制住的人，才是生活的强者。

一个人固然要认识到自己的优势和潜力，而认识自己的缺点更为重要。只有认识到自己的缺点，才能够学会扬长避短，完善自我，这样才能在人生之路上走得顺畅一些。

是自信，还是自卑，全在你一念之间

口才和口吃，仅一字之差，但在人生中面临的局面却有着天壤之别。其实世间还有很多事情都是这样，是自卑怯懦做一名口吃患者，还是勇敢锻炼自己，做一名优秀的口才家，全在你的一念之间。

表姐家的孩子最近说话总有些结巴，担心他会落下口吃的毛病，恰好我有一位朋友是口吃矫正师，于是我陪表姐母子去他那儿矫正。到那儿时，正看到朋友在和一位青年男子谈话，那个年轻人本来说话挺流畅的，但当他看到我们在关注他的时候，便突然脸红了，说话也开始结巴起来。听说我们是来给孩子矫正口吃的，年轻人有些激动，他说："你们可一定要在他年幼时帮他矫正过来啊。否则将来这个毛病会让他很痛苦的。"

年轻人告诉我们，他其实小时候并不口吃，但他的一个邻居口吃。因为觉得好玩儿，他便模仿那个邻居，谁知不知不觉中患上口吃的毛病。因为这个毛病，他在上学时一直不敢说话。后来在大学中，他特意矫正自己，通过努力，他几乎都不口吃了，而且他还应聘了家教。但有一次，他和一个家长谈话时出现了口吃，那个家长用一种异样的眼神看了他一眼，他的口吃一下子又激发了起来。毕业后他去应聘工作，笔试顺利通过，但却因为口吃而没有被录用。他交了一个女朋友，但女方父母却因为他有口吃的毛病而不答应女儿与他交往。他痛苦地说，口吃毁掉了他的人生。

世界上有很多名人在成名之前，都有口吃的毛病，比如美国副总统拜登。美国副总统拜登来中国访问在四川大学演讲的时候，一位同学问他："我曾经口吃厉害，而且有许多人有这样的问题，当你口吃的时候，别人不重视你，有好的思想，但难以充分表达出来。该怎么办？"

拜登回答道："从小学、高中到大学，我都有口吃，我练得很辛苦，很多人取笑我。但我保持微笑，不把这当作侮辱。他们怀疑我的能力，觉得我表达不清，但我坚持不懈。我觉得不但要向自己国家的人传达我的思想，更要向明天世界的领袖、商人用他们的语言跟他们交流。真诚，比演讲的技巧更重要。"在拜登看来，别人的嘲讽和怀疑都不是阻力，最大的敌人是自己。他凭借坚韧的努力和信心战胜口吃的毛病，并练就一嘴好口才，终于成为站在美国政坛上一位优秀的政治外交家。

关于口吃和口才的最好的案例除了拜登，还有英国国王乔治六世。儿时的艾伯特王子内向害羞，体弱多病，与兄长爱德华八世相比，他就像是一只丑小鸭，在父王的严厉管教下，在兄长的耻笑声中，他患上了口吃的疾病，这让他内心更加自卑。在父王老去的时候，偏偏又遇上他的王兄“爱美人不爱江山”，把统领国家的重担扔给了他。这样的结果换作任何一个王储成员，都一定会很开心，但是艾伯特王子不，因为他有严重的口吃，纵然他胸中有雄心壮志，却被不停哆嗦却说不出话的双唇紧紧地封锁起来。

此时恰逢第二次世界大战前夕，一边是风雨飘摇、生死攸关的国家，一边是无法发表演说的口吃毛病，这让乔治六世心中充满了痛苦。他曾经想过放弃和逃避，但是最后他还是勇敢地接受现实，经过一系列的训练和纠治，他的口吃毛病大有好转。最终，他在战前通过广播成功地发表了那篇著名的圣诞节演讲，号召英国人反抗法西斯，他声情并茂的演讲鼓舞了人心，成为第二次世界大战中激励英国人斗志的重要因素。

他在演讲中说道：“为了捍卫我们珍视的一切，我们必须接受这个挑战，考验是严峻的，只要每个人坚定信念，在上帝的帮助下，我们必将胜利！”也正是怀着这样的信念，乔治六世才会从自卑和怯懦中走出来，成为一名让世人都崇敬的一代英主。

口才和口吃，仅一字之差，但在人生中面临的局面却有着天壤之别。其实世间还有很多事情都是这样，是自卑怯懦做一名口吃患者，还是勇敢锻炼自己，做一名优秀的口才家，全在你的一念之间。

放开心胸，未来的路会变得宽敞许多

孔子告诉我们："既往不咎！"这是一句充满大智慧的话，它提醒我们，已经过去的事情，对也好，错也好，死死抓住不放于事无补，不如过去的事情就让它过去。让我们换一种态度：放开心胸，那么我们未来的路会变得宽敞平坦许多。

夜里下了一场冻雨，早晨起来时，发现大街小巷里的路面全是冰凌，又硬又滑，稍不注意便会摔倒。

隔壁家老罗是一个年近七十的老人，每天都雷打不动地要去巷子口的麻将馆玩麻将。平日里倒也罢了，可这种天气就连年轻人都不敢大意，生怕一不小心就摔倒，更何况他这么大年纪。要知道这么硬的地面，摔上一跤可不是闹着玩儿的，于是我们大家都劝他不要出去。

谁知老罗却摇头说："没事，这么几步路还能把我摔倒吗?"

见他执意要去，我们又劝他拄个拐杖，这样起码可以减少摔倒的概率。老罗听了我们的话，很不以为然。他说："看你们这些年轻人，咋比我这个老头子还要啰唆呢，我告诉你们，就这几步路，根本不可能有事。”他一边说，一边固执地向巷子口走去。

谁知刚走出几步，就听“咚”的一声，老罗重重地摔倒在地上。我们连忙跑过去想要扶他起来，但一动他，他就痛得龇牙咧嘴直呻吟，我们只好帮他打了急救电话。老罗被送进医院里，经过医生检查后得知，他的腰椎被摔断了，需要在床上躺3个月。

“看您，我们让您不要去……”我的话说到一半，就被朋友阻止住了。朋友过后对我说：“孔子云：成事不说。已经发生了的事情，你再责备也无益，反而有幸灾乐祸的嫌疑。”

我有一个朋友是古画行家，经常有人拿着画来请他鉴赏判断真伪。那天，我去他家做客，闲坐聊天时，他的电话忽然响了起来，原来是他一个极熟悉的朋友想拿古画来请他鉴定。但是他并没有直接让朋友拿过来，而是问朋友：“这张画你买了没有？”那人在电话里告诉他已经付了款项。我这位朋友便推辞说：“既然付钱了，就不用鉴定了。”

事后我问他为什么不给那个人鉴定？他笑着说：“遂事不谏。他既然买下来了，我就是给他鉴定出来是假画又能如何？也不能改变他已经买下来这个事实，白白让他心里添堵罢了。”

听了朋友的话，我不禁连连点头称是。我们常常给朋友建议，但这些建议最好是在事前说，如果事情已经完成了，那就不要去做事后诸葛亮，这样反而会给别人增添不愉快。

在日常生活中，我们经常听见“君子报仇，十年不晚”“十年河东十年河西”之类的话。话后面隐藏的含义是：“我们一定要追究过去，我们不惜一切都要追究过去。”很多人陷入这种心态中无法自拔。而这样的结果往往很糟糕，它只会搅乱我们的心智，让我们无法安心去做我们该做的事情。

孔子告诉我们：“既往不咎！”这是一句充满大智慧的话，它提醒我们，已经过去的事情，对也好，错也好，死死抓住不放于事无补，不如过去的事情就让它过去。让我们换一种态度：放开心胸，那么我们未来的路会变得宽敞平坦许多。

改变命运的不是能力，是态度

尼克·胡哲说："人生最可悲的并非失去四肢，而是没有生存希望及目标！人们经常埋怨什么也做不来，但如果我们只记挂着想拥有或欠缺的东西，而不去珍惜所拥有的，那根本改变不了问题！真正改变命运的，并不是我们的机遇，而是我们的态度。"

在一个阳光灿烂的日子里，美国夏威夷的海边，波涛汹涌的海水气势汹汹地扑向海滩，击打在礁石上，激起滔天浪花，让人惊叹不已。然而更加令人心惊胆战的是，在这样的巨浪中，居然有一个无手无脚的残疾人冲浪爱好者在海里与海浪搏击，大浪像张开大口的鲸鱼一样，一口把他吞噬了，又把他吐了出来。

在巨浪面前这个残疾人显得那么渺小，他时而被抛到浪尖，时而又跌到浪谷底。众人看着他在大风大浪里搏杀，一颗心也随之揪起来，却见他动作娴熟，从容不迫地在冲浪板上完成了360°旋转的超高难度动作。谁也没有想到，这位令人震惊的残疾人，会是一个拥有金融理财和地产学位的学士，更是一个基督教布道家。但是当初没手没脚的他来到这个世界的时候，他的父母却无法想象自己的孩子将会有怎样的一段人生？

1982 年 12 月 4 日这一天，在澳大利亚的墨尔本一所医院里，一对夫妻满怀喜悦地迎接他们的孩子。但是当孩子生下来时，丑陋的样子却把父母都吓呆了。孩子没有双臂和双腿，只在左侧臀部以下的位置有一个带着两个脚指头的小“脚”。这个体型怪异的男孩，便是尼克·胡哲。

因为没有双臂和双腿，在他刚出生的时候，不但把父亲吓了一大跳，就连身为护士的母亲也无法接受这一残酷的事实，直到孩子 4 个月大她才敢抱他。后来才知道这个孩子患了一种罕见的“海豹肢症”。父母并不指望孩子能够出人头地，只是希望他能像普通人一样生活和学习。但是，没有父母陪在身边，他曾受到周围人的排斥和欺凌。十来岁的孩子，面对周围怪异和排斥的目光，他非常悲伤和消沉，经常冲着父母大喊：“我不要活着，让我去死！”

在两次自杀未遂后，第三次他把自己沉在浴缸底下，试图用溺水的方式结束自己悲惨的命运，幸好被父母发现并救起来。母亲眼里噙满泪水，默默地搂着他，用温暖的母爱抚慰他那颗痛苦的心灵。等他的情绪安稳下来，父亲轻声地告诉他：“完成梦想最关键的就是，坚持不懈和选择拥抱失败，并把它看作是一次学习的机会，而不是被失败和恐惧所打倒。孩子，我们爱你，你也要始终爱自己！”

父母的爱让他战胜了自卑，而他所受的磨难也让他变得勇敢而独立。“如果你每天都过得很挣扎，请记住，在我们的苦难背后有个远超乎我们想象的人生目的在等着我们。”这个信念让他学着战胜困难，他找到方法完成其他人必须要手足才可以完成的事情，就像刷牙、洗头、打电脑、游泳、做运动。也正是这个信念的支撑使他从中学当选为学生会副主席，到本科获得两个学位，还有游泳、冲浪、踢足球样样全能。

他从 17 岁起开始做演讲，向人们介绍自己不屈服于命运的经历。他创建了“没有四肢的生命”组织，帮助有类似经历的人们走出阴影。他人生的点点滴滴和令人难以置信的幽默与人们沟通的惊人能力，深受孩子、少年和青年人的喜爱，成了真正地使人备受鼓舞的演说家。随着演讲邀请信纷至沓来，他开始到世界各地演讲，迄今已到过 24 个国家和地区。

从尼克·胡哲身上，我们可以学到很多东西。面对人生的变化时，他会告诉你“在掌控你不想要或突然发生的变化时，第一步就是保持警觉，迅速认知到你即将进入一个新阶段——无论是好是坏。觉察到变化可以减轻压力。”打算放弃梦想时，他会告诉你：“再多撑一天、一个礼拜、一个月，再多撑一年吧，你会发现，拒绝退场的结果令人惊讶。只有拒绝再试一次的人才会被打败。”当你心中充满忧伤和难过时，他会告诉你：“在悲伤的另一边，有一条不同的出路。会让你更坚强、更坚定，让你找到自己想要的人生。”当你消极的时候，他会告诉你：“10 岁那一次，如果我让自己的脸再往水下沉个 10 多厘米，或许我是能结束短暂的痛苦，但代价是什么？我将看不到在夏威夷海边与海龟一同游泳、在加州冲浪、在哥伦比亚潜水的开心男子。

所以不要去犯我几乎犯下的过错。”

尼克·胡哲说：“人生最可悲的并非失去四肢，而是没有生存希望及目标！人们经常埋怨什么也做不来，但如果我们只记挂着想拥有或欠缺的东西，而不去珍惜所拥有的，那根本改变不了问题！真正改变命运的，并不是我们的机遇，而是我们的态度。”正是凭着这种坚韧的态度和永不言弃的精神，尼克·胡哲挑战被设了限的生命，在经历漫长挫折与黑暗，从失望到绝望再到充满希望后，他最终成为一名心灵强大的强者。

比起尼克·胡哲来说，我们要相对幸运很多，最起码我们的四肢健全。但是，我们却在不停地抱怨生活中的种种不尽如人意，抱怨诸多客观条件约束限制了自己人生的发展。看过尼克·胡哲的人生你就会明白，问题的存在不在于客观的限制，而在于我们的主观态度，是我们自己给人生设了限。只有改变自己的心，改变我们自己看待人生的态度，才能活出不设限的生命奇迹。

在人生路上，失败和身体的残障并不可怕，可怕的是没有一个积极向上的态度。完成梦想最关键的就是，坚持不懈和选择拥抱失败，并把它看作是一次学习的机会，而不是被失败和恐惧所打倒。

坚决对“我肯定不行”说不

人类的心理是复杂而奇怪的：我们尊重取得成功的人，但面对成功者又会感到不安、焦虑、慌乱和忌妒；我们渴望成功，但对在成长过程中可能会遇到的各种情况又心生畏惧。

在《圣经·旧约》中，有一个人物名叫约拿。他是一个虔诚的犹太先知，一直追随着神，并渴望得到神的差遣。终于，神给了他一个光荣的任务：“让他去宣布赦免一座本来要被罪行毁灭的城市——尼尼微城。”约拿高高兴兴地接受了任务。

但是离开神的约拿突然失去了安全感，他的心中也产生恐惧和不自信，他的脑海中反复出现“我肯定不行”这个念头。这个消极的想法对他这一趟差事充满了恐惧。他选择了抗拒和逃跑。神的力量到处寻找他，唤醒他，惩戒他，甚至让一条大鱼吞了他。最后，他几经反复和犹疑，终于悔改，完成了他的使命——宣布尼尼微城的人获得赦免。

在生活中，其实像约拿这样渴望成长又因为某些内在阻碍而害怕成长的人大有人在，我的朋友小李就是其中的一个。

这些天，小李有点烦闷，原因是源于公司最近的一个大型会议。因为到了年底，公司要做一个年终总结汇报，而小李是一个很阳光的年轻人，又拥有不凡的才华，于是经理便安排他来做这个汇报。其实经理这样安排完全是为了小李好，因为这个会议将有许多公司上层领导参加，他给小李这个展示自己才华的机会，将会给小李的前途带来好的发展。

小李自然明白经理的苦心，而且能够得到顶头上司的认可也是一件很开心的事情，于是他为此认真地准备资料，在家里一遍遍地演练。但在开会前一周，小李突然觉得自己准备得不够充分，演练起来时笑容也变得僵硬，他开始心生焦虑，害怕在会议那天出纰漏。此时，家里突然来电话告知母亲生病了，虽然只是普通的发烧感冒，但是小李还是决定放弃汇报，请假回家看望母亲。

经理闻听他母亲住院，很是遗憾地批准了假期，并且把汇报的任务交给了他的同事小唐。得到经理的批准，小李的心里变得轻松起来。他把自己准备好的资料交给小唐，并陪他一再演练和纠正，直到小唐的表现无可挑剔了，小李这才回家去。

后来，小唐的汇报很完美，得到了与会领导的一片称赞。没过多久，小唐接到公司指派的新任务，因为有了上一次的自信，小唐再次表现不俗，因此得到上级领导的重视，很快小唐便被调任升为部门主管。看着前途一片光明的小唐，小李心中充满了酸楚和烦恼。他知道，如果当初自己不放弃到手的机会，那么今天升迁的便会是自己。

约拿向往崇高的使命和荣誉，但当使命来临，理想马上就要实现时，约拿却产生了恐惧，进而选择了退缩。这种心态被称为成功面前的恐惧心理。心理学家称为“约拿情结”。小李便因患上约拿情结，而选择退缩，把大好的机会让给了别人。

其实，不只是小李有约拿情结，人类普遍都存在某种约拿情结。由于我们每个人在小时候自身条件的限制，加上周围环境没有提供足够的安全感和机会让我们成长，所以我们心里便会常常产生“我不行”“我办不到”等消极念头。这些念头伴随我们长大，并让我们对自己的能力产生严重的怀疑和不安。

想要杜绝这种状况的发生，在面对新生事物和机会的时候，我们就一定要克服不安的心理，去积极面对和接纳它。只有这样我们才能够建立一种新的人生观，并由此产生新的智慧，从而抓住机会，成就自己！

其实，人类的心理是复杂而奇怪的：我们尊重取得成功的人，但面对成功者又会感到不安、焦虑、慌乱和忌妒；我们渴望成功，但对在成长过程中可能会遇到的各种情况又心生畏惧。正是这种心理阻碍了我们。想要成功的话，我们就必须防止自己的心滋生“约拿情结”。如果不幸已经患有“约拿情结症”，那么我们就要对它大声说：“约拿，走开！”

转移了重负，你就可以轻装上阵

世界上没有什么比生命更宝贵的了，有了生命，才能有一切。没有了生命，一切都是空谈。但生命又是极其脆弱的，细弱如丝，担负太重的话，就会将生命的丝线压断。想要让生命的丝线不断，最积极的办法就是不要给生命太重的负荷。

今天办完事回家，在小区门口看见好多人围在那儿议论着什么。我走近打听，才知道我家楼上的一位30多岁的男子跳楼自杀了，这个消息让我大吃一惊。

我和这个男子很熟悉，他是一家汽车销售的老板，手下带领着20多个员工，他为人随和，和员工们的关系相处融洽。他本来定于今年十一国庆节结婚，所以夏天贷款60万买了这一套新房。为了每月按时还银行6000多元的贷款，也为了婚后让年轻貌美的妻子过上幸福的日子，更为了手下那20多个员工的生活保障，所以他每天都要更加努力加班加点地工作。

谁知天有不测风云，由于业绩下滑，公司面临着倒闭，不愿失业的员工们把所有的期望都寄托在他身上。为了挽救公司，他日夜操劳，心力交瘁，却依然无法改变公司倒闭的命运。未婚妻见此情景也在婚期前几天离他而去。

面对20多个员工绝望的目光，面对公司倒闭、婚变、还贷等多种压力，他心里极度懊恼，终于无法承受这突如其来的压力和紧张，他选择了跳楼自杀。一个优秀的商人，因为无法承受太多人赋予他的信任和生活中的压力，他走上了绝路。

这位汽车销售老板的自杀让我想起我的一个朋友，他是一位优秀的主治医生。

每一次手术，他一定会先去和病人沟通，并且让他们放松，再放松。当病人问起自己手术的成功概率有多大的时候，他总是真诚地微笑："放心吧，你不会有事的。只是一个小手术而已。"病人因此会放松下来，用很信赖的眼神望着他。但是做了15年主治医生以后，他突然申请调离。原因是他心里压力很大，每一次手术他比病人还要紧张，因此已经不能胜任主治医生的职位。

一位优秀的医生，能够医治无数的病人，却无法医治自己的紧张，这是因为所有的病人都把紧张转移给了他，导致他的生命无法承受这份重负。不过，我的医生朋友比那位老板智慧，他选择了转移重负而不是走极端。

在生活节奏越来越快的社会中，每个人的生命中都有各种各样的负担，难免会受到委屈和误解，对生活绝望的情况也时有发生。不过，用自杀来抗议困境是最最不可取的一种方法。

世界上没有什么比生命更宝贵的了，有了生命，才能有一切。没有了生命，一切都是空谈。但生命又是极其脆弱的，细弱如丝，担负太重的话，就会将生命的丝线压断。想要让生命的丝线不断，最积极的办法就是不要给生命太重的负荷。

家里只有几十万块钱的积蓄，就不要去买几百万的房子，租房子住也是很好的。适应不了大城市的快节奏，那就回到小城市过舒缓的生活。公司运行不好，面临倒闭，那就让它倒闭，清空之后从头再来……

其实，有很多压力和负担都是可以提早预知并可以防范和杜绝的，如跳楼的那位男士，他完全可以先不要贷款，而是等到钱够了再买。他也完全不需要独自一人扛，而是应该把事情和大家一起聊一聊。很多时候，在你自己看来难以跨过的鸿沟，或许朋友和亲人就有破解难题的办法。

面对生命的重负，最智慧的做法便是能面对就面对，不能面对的时候就转移。像我那医生朋友一样。留得青山在，不愁没柴烧。首先不要给自己的生命太多重负，如果已经担着很多压力，就一件件地往下减。

生命细如丝，重负可转移。转移了重负，你就可以轻装上阵，继续新的生命旅程。如果没有了生命，一切都成了虚无。

失忆是为了储存新的回忆

失去的不幸随时都会降临在我们头上，面对不幸时的态度，决定了我们以后的生活。对“失去”保持一种积极的态度，那么我们的生命便会进入一个新的状态。倘若对“失去”一直耿耿于怀，那么我们的生命便会一直胶黏在这种失去的状态里，永远也走不出来。

那一次去蓟县盘山旅游，山路崎岖狭窄，我和朋友手脚并用，终于赶在日出之前攀上峰顶。站在舍利塔前凭栏远眺，眼前是连绵起伏的群山，让人真切地体会到“一览众山小”的那种意境。随着上山的游人增多，峰顶的平台热闹起来，刚才的幽静被打破。我以前曾经来过此地，记得后山鲜有游客前往，是一个幽静的好去处。于是我们转过塔身，向山后走去。

绕过舍利塔和一片树林，前面便是后山观景台。走出树林时，朋友突然拉住我，她没有说话，只是往前努努嘴，我抬头看去，却见一名年轻女子正站在山崖边，身形往前微倾。那一瞬间，我的心“扑腾扑腾”地跳了起来，要知道女子前面便是悬崖峭壁，如果不小心跌落山涧，那可不是闹着玩儿的。

我大声喊道："小心别掉下去啊，注意安全。"

那女子头也不回地冲我嚷："我已经不想活了，还要注意安全做什么?"说着她的身形晃了几晃，几乎跌下去。

那女子的话让我一愣，跳崖寻死不是电视剧里才有的桥段吗？想不到现在却活生生地出现在我面前。我心里大急，却又不敢贸然行动。"你回来，有什么事情你和我们说。我们也许能帮你呢。"我试图拖延时间，好有办法去救她。

"上帝都帮不了我，你们能有什么办法……"

一直沉默的朋友趁我们说话的空隙，一个箭步冲过去伸手将她拽过来。女子一惊，她猛地推开我朋友，然后重重地摔在地上。那女子想必摔得不轻，只见她挣扎了一下，却没有站起来。下一秒钟，她突然坐在地上伤心地号啕大哭。她这一哭却让我松了一口气，因为我知道哭泣能够让她发泄心中的苦闷，一时半会儿她是不会去寻短见了的。

等她情绪稍稍稳定后，我们才知道她要寻死的原因。这位女子今年30岁，大学毕业后进了一家外企工作。凭着她的才华，很快便坐上业务经理的位置。3年前，在众多的追求者中，她与她的上司——公司总经理结了婚，并有了一个儿子。丈夫事业有成，儿子聪明可爱，在众人眼里，她是天下最幸福的女人。

总得有人照顾家和孩子，因此在丈夫的要求下，她辞职在家做起了全职太太。谁知3年后，突如其来的一场疾病夺去了儿子的性命。

而此时，她发现丈夫也已经背叛了她。儿子死了，工作没了，还被丈夫抛弃，她万念俱灰，所以想跳崖自杀，一了百了。

我仔细望着她，她虽然有 30 岁，但是看上去才大约二十五六岁的样子，长得很漂亮。即使是想要寻死，依然化着精致的妆容，看得出来这是一个曾经优雅的女子，只是此时的她眼里盛满凄楚和绝望。我问她："姑娘，3 年前的你是什么样子？"

"3 年前的我还没有结婚，既没有丈夫，也没有孩子。我是一名单身贵族，追求我的人很多。我有自己的朋友圈，有足够的经济来源，生活得很舒适和快乐。"那女子陷入回忆，不过很快她便又绝望地说，"现在我很悲惨，因为婚姻而远离了朋友圈，最后却落得既没有丈夫，也没有孩子，只剩下孤零零一个人的境地。"

"这不是一回事嘛。"朋友在旁边接话道，"3 年前你是一个人，既没有丈夫也没有孩子；现在你也一样没有丈夫和孩子，而你依然是那个年轻漂亮的你。有啥想不开的，你就当啥事都没有发生过。如果做不到啥事都没有发生过，那么你就假装自己失忆，忘记这 3 年的时光，让自己的生活重新开始就是了。"

我刚要埋怨朋友的话说得太直白，谁知那女子却止住了哭泣，她抬头看着我们，然后重重地点了点头。后来，那女子和我们成了无话不说的好朋友。

现在，她开始了新的生活，有了一份可心的工作，有了真心疼她的爱人，而且已经有了身孕，她马上就会拥有属于自己的孩子。

追求美好的生活，是每个人的梦想。但让人遗憾的是，人生没有绝对的事情，绝对的美好和完美是不存在的，每个人的生命中总会遇见这样或是那样的不幸：考试的失利，恋人的背叛，亲人的去世，工作上被辞退，等等。失去的不幸随时都会降临在我们头上，面对不幸时的态度，决定了我们以后的生活。对“失去”保持一种积极的态度，那么我们的生命便会进入一个新的状态。倘若对“失去”一直耿耿于怀，那么我们的生命便会一直胶黏在这种失去的状态里，永远也走不出来。

其实，我们大可不必对那些伤害我们的人耿耿于怀。要明白，对方和你分开后，就已经进入了新的生活，你怎么样都和他无关了。你不肯走出来去开始新的生活，你折磨的不是别人，只是你自己而已，因为在那个状态里，只有你一个人了。聪明人又怎么会犯这样的错误呢？

有的人会说：“我不是在乎那个人，我是在乎我付出的感情，我失去的是我付出的感情。”也就是说，痛苦的重点在于“失去”上面。失去，本身是一种痛苦，这能理解。但反过来讲，失去，又何尝不是一种幸运。你失去的只是不爱你的人，你的幸运在于他是为了给爱你的人腾位置啊。

所以，在你被“失去”的时候，千万不要绝望和悲伤了。泰戈尔有句话说得好：“如果你因失去太阳而流泪，那你也失去群星了。”这句话看似平常，其实蕴含着很深的道理：有失去便有得到。

这些道理其实谁都懂，但真面对伤害和失去的时候，依然会悲伤，依然会绝望。这是因为记忆一直在提醒你，那些伤害前的甜蜜，拥有时的幸福。但如果你一直陷入绝望的境地，只是懊悔和悲伤，那么你一定会被生活毁掉。这个时候，懂得道理又能怎样？倒不如假装失忆，忘记那些让自己痛苦的人和事，让一切重新开始，多年以后回头看，你会发现在假装失忆中修行，你就收获了一个全新的人生。

第二辑

你得明白，脸红是美德的颜色

善意能给我们意想不到的收获

释放善意又能在不知不觉中让我们自己受益。恰如新东方教育集团创始人俞敏洪说的那样："任何一次出于善意的行为，都是完善自我、迈向幸福的机会。"

女孩洛洛是一个依善意行事的人。

大学毕业那年，洛洛进入一家广告公司做企划。公司经理是一个才华横溢之人，不过，接人待物却有些傲慢，那些老职员也对她吆五喝六，这是新职员的必修课，她懂，她忍，毕竟现在工作太难找。

有一次，洛洛所在的公司接了一个案子。因为对方是一个大客户，所以公司很重视这个案子。经理率领团队日夜努力，终于在半个月内做出一份完美的企划案。洛洛终于可以休息一下了。

同学要出国，休假的洛洛去机场送她。当她送完同学出来时，迎面碰上了经理和拉着行李箱的客户主管。原来客户那边派高层主管过来洽谈，公司很重视，特意安排经理亲自去机场迎接。和他们打完招呼之后，洛洛转身走开。可走了几步之后，她又折回身来。因为她发现那位客人脸色有些苍白，很不舒服的样子，她接过那位客人的行李箱，一直帮他们送到车上，洛洛才打车离开。

第二天，洛洛回到公司，却见众人的脸色都很难看，后来洛洛才知道，那家客户撤销了这项合作，这些天来辛苦做的案子也泡汤了。

半年后，公司因为经营不善而倒闭。所有的员工都在为工作苦恼的时候，洛洛却意外地接到一封来自一家大公司的应聘函。当洛洛看到公司主管的时候，她有些呆住了：那位主管就是当初她在机场帮着提行李箱的客人。

主管告诉她，当初自己因为感冒而身体很不舒服，原指望下飞机后来接机的人会照顾自己一下。偏偏那位经理平日里傲慢惯了，甚至忘了亲切待人的道理。这位主管对他的粗心大意有些恼怒，因此将合约撤销了，而对帮她提行李箱的洛洛却有了极深的印象。后来得知她们公司倒闭之后，便聘请她来自己的公司发展。

在这个充满人情味的团队里，洛洛如鱼得水，她凭着自己的才华，很快便从小职员坐到了主管的位置。洛洛依善意行事，在不经意的时候，播下一颗善意的种子，这颗种子发芽生长，然后长成一株茁壮茂盛的大树，给她一个丰盈的世界。

善意在现实中具有不容忽视的力量以及能给人们带来的种种好处。当带有温暖气息的善意萦绕着我们，生活是多么温馨和美好的一件事情。在生活中，我们不要计较回报，而是自始至终抱着尊重与亲切的态度去对待别人，那么我们就是在释放善意的能量。

释放善意又能在不知不觉中让我们自己受益。恰如新东方教育集团创始人俞敏洪说的那样：“任何一次出于善意的行为，都是完善自我、迈向幸福的机会。”

在通往成功的路上，善意能让我们在人生前行的路上收到意想不到的效果，甚至会得到梦寐以求的结果。因为力的作用是相互的，你善意的言行总会以某种方式获得回报，洛洛的经历便是最好的证明。

释放善意其实很简单。一个微笑、一句由衷的赞美、一个简单的善行，虽然当时看不见它有什么效应，但是内在却散发着温暖的光芒。依善意行事，会让我们自己心情开心安然，也会让对方感到温暖。

成功没有秘密，凡事但尽善意即可。因为它的力量足以帮你打开一扇门，从而改变你的人生。

善良拥有神奇的力量

在生活中，有许多我们看不到也摸不着的东西，但是却往往拥有神奇的力量。譬如从容，譬如善良……这些东西无时无刻不存在于我们心中，只要我们一旦领悟到它们的存在，并且巧妙地运用它们，那么它们将释放出不容忽视的力量，对我们的生活产生难以预料的正面影响。

在这个经济快速发展的社会里，所有人都信奉适者生存的法则，大家都在运用自己的聪明和才智，让自己的生活变得更加美好。但是，在这个过程中，人我对立的问题会变得突出，为了自己的利益，有些人变得自私、冷漠、残酷无情，以为这样就能获得成功。却不知这样的观念是错误的，有很多时候，正是这些错误的观念阻碍着我们前行的道路。反而是善意的力量，能帮我们克服重重困难。而很多人忽视了这一点，因此，才会有人感叹善意比聪明更难做到。

10 岁那年，亚马逊公司的总裁杰夫·贝佐斯随祖父母外出旅游。在路途中，坐在车厢后面的贝佐斯感到无聊，于是他便在心中开始计算各种难题，从小就是算术奇才的他很快算完了自己所能想起的所有数字游戏。

望着坐在前面副驾驶座上，有着30年烟龄的祖母正在吸烟，贝佐斯忽然想起一条反对吸烟的广告上曾说，吸烟者每吸一口烟，寿命便会缩短2分钟。于是，他便自作聪明地开始计算祖母吸烟的次数。很快，他的计算结果出来了。

当贝佐斯得意地告诉祖母，她将因吸烟而缩短16年的寿命时，祖母没有像往常那样夸他聪明，而是伤心地放声大哭起来。贝佐斯当时吓坏了，他不知道自己的聪明为什么没有博得祖母的欢心，反而却伤害了祖母。

祖父见状，把贝佐斯叫下车。老人并没有责备他，只是拍着他的肩膀说："孩子，总有一天你会明白，一份小小的善意要比一份聪明更难做到。但你也会明白，一份小善意却能够迸发出无穷大的力量，而且这种力量具有骨牌效应，在不知不觉中，它总是能创造一些奇迹。"祖父的话像是一粒种子播撒在贝佐斯心田里，从那以后，他一直都按照祖父的教诲做人。

贝佐斯把善意和仁爱推及生活中的每一件事情上，无论事情大小，他都怀着一颗善意热忱的心去对待。善意的力量帮助他赢得了员工和客户们的信任，他在事业上的道路也越走越宽广。

在生活中，有许多我们看不到也摸不着的东西，但是却往往拥有神奇的力量。譬如从容，譬如善良……这些东西无时无刻不存在于我们心中，只要我们一旦领悟到它们的存在，并且巧妙地运用它们，那么它们将释放出不容忽视的力量，对我们的生活产生难以预料的正面影响。

贝佐斯利用善意的力量成就了自己的亚马逊事业，与他一样利用善意的力量成就自己的还有凯普兰萨勒集团的总裁琳达·凯普兰·萨勒和罗苹·科瓦尔。在不到10年的时间里，萨勒和科瓦尔使她们的公司成为2006年美国成长最快、获利最高的广告与公关行销者，把公司营业额逼近到10亿美元。

回望自己成功的经历后，萨勒和科瓦尔一致认为，善意在她们的事业和人生中起到积极的作用。她们说："至诚如神，我们正是从内心深处奉献出我们的善意和真诚，才能收获这些意想不到的成功。"

现代社会的忙碌和浮躁，让许多人都忽略掉了存在于心中的那份善意。在生活中，在工作中，在人与人交往的时候我们不可避免地会与别人发生矛盾与冲突，而发生状况的时候，这些人往往只顾着自己的利益，只想着怎么去索取他人而强大自己。却忘了物有本末，事有因果。今日的一言一行，都关联着日后的际遇。如果改用善意的方法，那么就有可能一起更快地迈向成功。

伟大，其实是无数平凡、枯燥的小事组成的。也就是说，所有缔造伟大的成功者，如杰夫·贝佐斯、如琳达·凯普兰·萨勒和罗苹·科瓦尔，他们每一天做的都是与我们同样简单的小事：与下属沟通，和客户交流，与家人和朋友相处，等等。唯一的区别，就是他们在这些小事中注入了善意：善意的微笑、善意的赞美、善意的言行。因为他们知道，每一个善念就有可能给自己铺下一条宽敞的路。

事实也的确如此。简单的善意小举动所产生的神奇力量的确改变了他们的人生，让他们走上成功的巅峰。

有一种“谎言”充满了爱意

人内心都有一个能量场，欺骗、自私自利、消极悲观是负能量，而善良、美好、理解、包容是正能量。当我们摒弃负能量，而把正能量传达给身边的每一个人，整个社会就会因为正能量而充满阳光。我们的社会需要更多的阳光，才能让世界变得温暖和美好。

最近有一则新闻报道说，南昌一位姓胡的老太太因为孙子病了，她拿着自己的全部积蓄一共 4200 元赶往医院。却在去医院的路上被骗子设局把钱拐走了。老人痛哭失声，回到家后她伤心得不吃不喝。事情传开后，很多网友要捐钱给她，但都被她拒绝了。后来有 42 个网友每人捐 100 元，并请一名警察“骗”她说 4200 元找到了，老人这才相信并收下了钱。

网友们撒的这个谎可谓良苦用心。撒谎固然不对，但网友的谎言安慰了老太太的心，并换来她对生活的乐观和肯定，所以说这个谎言带来的是一股正能量。

人的一生中，总会因为这样那样的原因，撒善意的谎言。网友们如此，亲人间也会如此。儿时，我的父亲就曾对我撒过一次谎。

儿时的我身体瘦弱，经常生病，尤其是在半夜发起烧来，于是父亲送我去医院便成了家常便饭。在漆黑的夜色中，母亲打着手电筒，父亲背着我深一脚浅一脚地赶往几十里地之外的医院。我发烧得难受，直哭。他说："妞妞，别怕，爸爸带你去看病，吃了药马上就好了。"

山路崎岖难走，我害怕跌落山涧，吓得紧紧趴在他后背，他说："妞妞，别怕，有爸爸呢，你不会摔倒的。"他的双手紧紧地搂着我，每一步都那样踏实、稳健。而且他的每一句话都是那么正确：他喂我吃几顿药，病就好了。他背着我从来没有摔倒过。正因如此，后来爸爸对我撒谎的时候，我竟然没有丝毫怀疑他是在骗我。

在我读初三那年，父亲的下肢突然浮肿。我们都很担心，催促他去医院做检查。父亲拗不过我们，便去了医院。回来后他笑眯眯地告诉我没有大碍。他抚摸着我的头，温柔地笑："妞妞，你不要担心和害怕。爸爸的身体很好，我还要看着妞妞读大学，看着妞妞做新娘呢。"父亲最大的心愿便是看着我走进大学的校门，然后找一个可以托付的男人共度一生。可是父亲最终没有完成这个心愿。

自从父亲生病后，他后背的衣服经常被汗水浸透，湿漉漉地贴在身上。但是父亲总是笑呵呵地告诉我们没事，而我要准备中考的事情，每天都趴在复习资料堆中，因此始终没有发觉父亲的异常。

在我中考结束那天，我告诉父亲我考得很好，父亲开心地笑起来，不久他突然昏厥，我们手忙脚乱地把他送进医院。看我哭得泪人儿一般，妈妈给我一张化验单，化验单上面赫然写着"肝癌晚期"四个字。那一刻，我的天塌了下来。

妈妈告诉我，父亲上一次来检查时已经知道自己的病情，为了不影响我中考，他撒了谎。为了把病情隐瞒下来，他甚至拒绝了院长让他住院的安排。我忽然想起这十多天里，父亲经常脸色煞白地趴在椅子上，让椅子后背紧紧地顶住肝部，原来是因为他的病开始频繁地发作，肝部疼痛难忍所导致，而为了我，他却放弃了能缓解疼痛的机会。望着躺在病床上瘦骨嶙峋的父亲，我泪如雨下。

多年以来，父亲的谎言一直是我心中的痛。但对我的人生来说，不敢想，如果我在中考前知道了父亲的病情，还能不能踏实地走进考场？会不会考取到一所重点高中？父亲的谎言让我能够静下心认真对待考试。考上好的高中、大学。而这些毋庸置疑，将让我有一个美好的人生和前程。

撒谎虽然不对，但任何事情都是相对的。有时候谎言能够让一个人快乐起来，如果谎言传达的是一种正能量，那么就多一些这样的谎言又如何？

人人内心都有一个能量场，欺骗、自私自利、消极悲观是负能量，而善良、美好、理解、包容是正能量。当我们摒弃负能量，而把正能量传达给身边的每一个人，整个社会就会因为正能量而充满阳光。我们的社会需要更多的阳光，才能让世界变得温暖和美好。

我父亲的那个谎言不但充满正能量，而且背后还有一个父亲对女儿无尽的爱。在以后的人生中，我心中会有痛，更多的是父亲浓浓的爱，伴随我走完一生。

道德是让人灵魂震惊的力量

比起金钱来说，道德要重要得多。如果一个人没有了道德感，那么他便不能向善避恶，也不能认识到自己对家庭、对他人和社会所具有的责任和义务。如果整个社会都没有了道德感，那么便会出现冷漠、残酷、自私自利的社会坏风气。

有一位住在温州市苍南县的吴姓老人。他是一位年过古稀的老人，居住在一个偏远的小渔村里，他有四个儿子，都在渔船上工作，而且兄弟和睦，个个孝顺老人。日子虽然过得波澜不惊，老人却很称心如意，大家都说他是享福的命。

但是人的一生中，不到闭上眼那一刻，谁也不能确定自己会经历些什么。就在他安享晚年的时候，一场强台风袭来，那时他的三个儿子都在出海。这场台风不但夺走了他的三个儿子，还摧毁了三个儿子四处借款筹借来 60 多万块钱购置的渔船。突如其来的灾难在一夜间让老人变得一无所有。

巨大的丧子之痛和 60 多万的巨债像两座大山，将老人的孱弱之躯牢牢地压在底下。大家都以为他会被垮掉，那些债主们也不指望收回债去。但是良心上的亏欠让老人寝食难安。即使在半夜做梦，他也总是梦见那一张张欠条在眼前飞舞。最后，倔强的老人家做出一个坚定的承诺："子债父还!"他决不让人对死去的三个儿子说三道四，也为了让自己的良心得到安抚。

他是已经快80岁的人了，哪有劳动能力。没有劳动能力，便也没有经济来源，只依靠一个月300块钱的低保，老人家即使省吃俭用，生活依然过得很是艰辛，哪有还债的钱?最后，老人家想起自己年轻时最拿手的活计：编织渔网。他和老伴儿两个人早起晚睡，常常一干就是到夜里一两点钟。

织网是一个细致活，需要眼力和灵活的身手，但是两个老人手脚都不灵活了，眼睛也已经昏花，所以织一张网需要付出比别人多得多的时间。算起来每个小时两个人才挣几毛钱，即使这样，老人并没有放弃。有人告诉他，其实像他这种没有劳动能力的老人，法律规定是不用"子债父还"的，但是老人只是摇头，他说："不管多苦、多难，我都必须守信用。我绝对不能让我的儿子们背负骂名，否则，我这一辈子良心都不会安宁。"

吴姓老人用良心和道德编织着一张又一张的渔网。而编织渔网所挣的钱，他全部攒起来拿去还债。在他的坚持下，儿子们留下的欠条一张张地减少。

何为道德?思想家孟子认为，人有是非之心、羞恶之心、恻隐之心和辞让之心，由此得出，个人的仁义礼智的道德是人的内心所固有，而不是受到外界环境的影响而成的。德国哲学家康德也认为“道德律令在我心中”。在这些主观唯心主义者看来，道德起源于人先天所具有的某些良知和善良意志。

但也有一部分人认为，道德的起源来自社会本能的简单延续和动物的合群感，人是社会的，在人与人的相处中，互助是一种本能，而互助的本能能够产生同情、爱和自我牺牲，而这些正是人类道德感的来源所在。

无论是哪一种来源的道德，都有一个共同点，那就是良知、羞耻感、爱和善良，而这些组成了人的根本。吴姓老人即使法律规定他没有偿还义务时，依然坚持挣钱还债，也正是为了在道德上求得良心安宁。由此可见，道德既受政府的支配，也受到良心的制约。

比起金钱来说，道德要重要得多。如果一个人没有了道德感，那么他便不能向善避恶，也不能认识到自己对家庭、对他人和社会所具有的责任和义务。如果整个社会都没有了道德感，那么便会出现冷漠、残酷、自私自利的社会坏风气。

发自内心的善良是高贵的

善心是善行的出发点，善行是善心的结果。有善心，却没有善行，那么只能证明你善良而已，却并不能让世界开出一朵花来。但如果你有了善心，并做出善行，那么你就会像郑承镇一样，不但拯救自己，也能给别人开辟出一片爱的世界。甚至在荒芜的沙漠中开出一片明媚璀璨的花朵来。

有一个小男孩。母亲在他 10 岁的时候病逝，父亲脾气暴躁，因此他小小年纪便经常挨打。于是叛逆的他离家出走，在济南的街头桥下或火车站游荡，曾两次送进遣送站。很快父亲也去世了。他于是寄居在姐姐家里。后来，姐姐给他在木工厂里找了一份工作。此时他已经 36 岁，却依然孑然一人，姐姐最大的心愿便是他能娶一个媳妇过日子。但是，娶媳妇需要钱，他为了凑够那笔钱，挪用单位一张 1000 元的支票，倒买倒卖了几箱杂牌烟，赚了 700 元。他很高兴，照这样下去，他很快就可以把亏空补上，而且娶媳妇的钱也挣出来了。但是，还未等他把挪用的亏空补上，事情就已经败露了，他因诈骗被判

4 年监禁。

小男孩出狱后，已经变成了中年人，他没有结婚，也没有自己的孩子，但是在接下来的日子里，他收养了 400 多个小孩。所有的孩子都是来自全国各地的流浪儿童，跟他素不相识，却被他收养在家里。因为收养这些孩子，他丢失了好几份工作。在最困难的时候，他就带着收留的孩子奔走于市区的各个角落捡垃圾卖钱。一度他还曾卖过血，用来养活孩子们。

直到媒体发现了他，于是相关部门介入，给他和孩子批了低保，他们的生活这才有了保障。不过也很快引来许多非议声，很多人指责他收养那些孩子是为了挣低保金。还有人说他是为了炒作，用这种方式获得社会地位或名声。但是，他没有退缩，依然执着地把收留流浪儿童当作自己的事业来做。

后来有了网络，小男孩已经变成了一位鬓发斑白的老人。虽然他并不懂得网络，但是却建立了网站，并开辟专门的“公益”板块，网站提供“网络寻人”“爱心关注”等多个平台，通过发布流浪儿童资料、生活状况等，方便有孩子丢失的家人联系，也呼吁社会更多地关注流浪儿童命运。此外，他利用网站人气组织各种公益活动，帮助孤儿们解决实际困难。

这个人就是全国的道德模范、人称“流浪儿之父”的郑承镇。因为儿时没有享受到家庭的温暖，所以他发誓要给那些与他有相同经历的孩子一个温暖的家。在长达 20 年的时间里，他总共收留救助过 400 多名孤儿和流浪儿童，这些孩子中，有的读了中专、警校，有的参了军……

郑承镇本来是一个孤苦的人，但他有一颗善心。善心不同于善意。虽然善意是好意，但不可否认的是，某些善意是带有功利性的，有目的的从而做出的好心的言行。而善心则是完全利他性的，这种完全利他性是潜意识的，是发自内心的，无须有意识地去调整自己的言行就具备的品行。

一份善意或许会受到外界的左右，尤其是当这份善意带有功利性的时候，就更加凸显。但一个具有善心的人，他的善行不会受到外界的左右，不会因为强迫与否而去决定是否付出善心。发自内心的善心是单纯的，没有任何利己性。也正是因为这样，有一份善心才会更显得高贵。

一颗纯粹的善心能够积蓄爱的力量，能够浇灌爱的花园。郑承镇正是用自己的善心给孤苦无依的孩子们一个爱的世界。

善心是善行的出发点，善行是善心的结果。有善心，却没有善行，那么只能证明你善良而已，却并不能让世界开出一朵花来。但如果你有了善心，并做出善行，那么你就会像郑承镇一样，不但拯救自己，也能给别人开辟出一片爱的世界。甚至在荒芜的沙漠中开出一片明媚璀璨的花朵来。

感恩父母是对孩子最好的教育

只有具备优秀的品德，才能成为一个正直的、有爱的人。而想让孩子成为一个心中有爱的人，就需要让他们懂得感恩。一个孩子懂得知恩、感恩，即使他不是聪明绝顶的人，也能够成为一个有着优秀品德的人。

母亲今天来到家里小住，儿子开心得不得了。围着已经70岁高龄的姥姥不停地问东问西，一老一少欢快的笑声在屋里飘荡萦绕。望着两张溢满笑容的脸庞，我的心充满了满足和快乐。

晚上吃完饭以后，我按照惯例端进一盆热水，儿子开心地嚷道："洗脚啰，洗脚啰。"说着就要迫不及待地脱鞋和袜子。我连忙拦住他："涵涵，你先等一下，妈妈给姥姥洗完脚，下一个再给你洗。"儿子抬起头来看看我，又看看母亲，然后笑着拍拍胸脯，念起电视里的广告词："尊老爱幼，从我做起！"稚气的声音逗得我和母亲哈哈大笑。

母亲坐在沙发上弯下腰去脱鞋，这本是一个极为平常的动作，但她僵硬的腰身和笨拙的动作却让我心头有些泛酸。我不得不承认，母亲正在迅速老去。“妈，你别动，让我来。”我蹲下去给母亲脱了鞋和袜子。

我搬动母亲的双脚放进热水里后问：“水温合适吗?”

“正好，正好。”母亲的脸上露出笑容。

一番揉捏推拿，然后又给母亲仔细地修剪指甲。帮母亲剪完脚趾，我又出去换了一盆水进来。儿子从沙发上刺溜下来，坐在旁边的小板凳上，乖乖地脱掉鞋和袜子后放进水盆里。小家伙目不转睛地看着电视，我则蹲在旁边，给他轻柔地搓洗着小脚丫。

给儿子洗完脚后，我进了书房在电脑前坐下。不知什么时候，就听儿子清脆的声音在身后响起来：“妈妈，你也洗洗脚吧。我给你端水来了。”

我闻言一惊。猛地回过脸去，只见儿子手里端着半盆水，正站在书房门口仰着小脸望着我呢。我坐在沙发上，脚刚浸泡在热乎的水中，儿子就搬过小板凳在水盆边坐下来：“妈妈，我要给你洗脚。”我还没来得及说话，儿子已经弯下腰去。

他把胖乎乎的小手搭在我的脚上，一边模仿我每天给他搓洗那样揉捏着，一边嘟囔：“妈妈，每天都是你帮我和姥姥洗脚，以后我也要帮你洗脚。等我长大了，我也要给妈妈修指甲。”这句话从 6 岁的孩子嘴里冒出来，而且是因为每天我的言行的结果，那一瞬间，我的心被深深地震撼，我仿佛听到了一颗名叫“感恩”的种子发芽的声音，动听极了。

我们每天都在奔波忙碌，只有到父亲节、母亲节的时候，才会被网络上的氛围打动，从而想起父母来。我们美其名曰挣钱为了给父母一个安定的晚年，但却不知道，等我们攒够了钱，甚至还没有做好准备，父母已经离去。到那时，才来后悔陪父母的时间太少，已经是悔之晚矣。

我们一定要记住，当我们为生活忙碌的时候，我们的父母却正在老去。只有用我们的爱陪着他们一起向前走，他们才不会被孤独、寂寞和苍老吞噬。

我们平日里总是喊着要给孩子最好的教育，在孩子们还是懵懂幼童的时候，便带他们去科学馆，给他们报各种特长班，花高薪聘请家教。所有的一切努力，都是为了在他们幼小的心中播种下一颗颗种子，并期盼着将来他们会长成一个个有才艺、有文化的优秀的人。

但我们却忘了，成为一个优秀的人，首先要拥有优秀的品质。只有具备优秀的品德，才能成为一个正直的、有爱心的人。而想让孩子成为一个心中有爱的人，就需要让他们懂得感恩。一个孩子懂得知恩、感恩，即使他不是聪明绝顶的人，也能够成为一个有着优秀品德的人。

而感恩这种东西，却不是在特长班所能学到的，哪怕是最高级的家教，也无法真正在孩子心中根植感恩的种子。这颗种子只有在日常生活中，在父母和家人的潜移默化中播种。

孩子们的心灵是一块尚未开垦的处女地，播下什么样的种子，便会发什么样的芽。一旦我们对于父母感恩的言行，像一颗种子撒播在孩子们的心田上，就会生根发芽，将来自会长成一片感恩的森林。

经得起诱惑，守得住灵魂阵地

面对诱惑，只有守住精神的防线，我们才有可能成功，只有心存高洁，我们才能获得心灵的安宁，就如培根说的那样："经得起各种诱惑和烦恼的考验，才算达到了最完美的心灵健康。"经不起诱惑的结果，只能是让心灵跌落在地狱的深渊里，永远遭受折磨。

阿海是一家 IT 公司的经理助理，前些日子，参加了公司里一个重要项目的建设。在项目快要开始时，他忽然收到另一家公司的邮件。原来那一家公司想要聘请他做经理，并开出高额的薪水，还要奖励一套住房。

阿海和女朋友相恋已经 4 年了，可是因为没房，所以一直不敢提结婚的事情。现在这家公司开出的优厚待遇让他怦然心动。不过，这家公司的前提条件，是要他把那个重要项目的资料盗取出来。一边是诱惑，让他难以抵制，一边是背叛，让他良心难安。他在矛盾中犹豫不决。

女朋友知道了这件事情，什么也没有说，只是递给他一张芭蕾舞剧的电影票。这是一部讲俄国芭蕾女神乌兰诺娃一生传奇的电影。他哪有心情看电影，不过他不忍心拂了女朋友的好意，于是陪女朋友走进了电影院。

电影讲述了乌兰诺娃的一生，描述她从一个体质柔弱的小女孩如何蜕变成一名闻名世界的芭蕾女神。电影中优美的音乐和曼妙的舞姿引人入胜，但是阿海心事重重，根本无法安静地享受这种美丽。

电影演到中场的时候，屏幕上出现一位记者采访芭蕾女神的镜头。那时候，芭蕾女神出道整 15 年。记者问她："您最爱吃什么食物？"

这位身姿妙曼的舞蹈家开心地回答："当然是冰激凌。"

记者惊诧道："冰激凌是一种热量极高的甜食，吃多了会让你的体重迅速增长的，可是你一直保持这么好的体型，请问您多久吃一次冰激凌？"

乌兰诺娃笑着摇头："到现在为止，我已经 15 年没有尝过那种美妙的滋味了。要知道体重增长对于我们舞蹈演员来说可是一个致命的打击。所以我必须拿出勇气来拒绝这种美味的诱惑。否则我不会有成功的今天。"看到这儿，他心里一震，混乱的思绪忽然通透起来。

我们的生活，处处充满了诱惑，如金钱、美色、权力等。这种种诱惑如细菌一般钻入我们的毛孔，让我们防不胜防，稍不留神，便会被它们攻占了城池，将我们陷入万劫不复之地。而生命也只有在遭受诱惑的那一瞬间，才能体现出我们作为一个人的价值来。弗洛伊德说："一个有道德的人，是一个心里感受到诱惑就对诱惑进行反抗，而不会屈从于它的人。”

许多人的成功，在于他能够拒绝掉诱惑。乌兰诺娃便是最好的例证。她清楚地知道对自己最有诱惑力的是冰激凌，她认同并接受这个诱惑，而不是逃避，因此在记者提问时，她才会那么开心爽快地做出回答。但她面对诱惑是怎么做的？是拒绝。明知道冰激凌的美味让人难以抗拒，但她坚持 15 年没有尝一口。也正是这种拒绝，让她成为闻名世界的芭蕾女神。阿海心中豁然开朗起来。

面对诱惑，只有守住精神的防线，我们才有可能成功，只要心存高洁，我们才能获得心灵的安宁，就如培根说的那样：“经得起各种诱惑和烦恼的考验，才算达到了最完美的心灵健康。”经不起诱惑的结果，只能是让心灵跌落在地狱的深渊里，永远遭受折磨。

经历过死亡的人，会真正懂得珍惜

世事变幻莫测，生离死别猝然怆恻。在悠悠的岁月之河里，只有经历惊心动魄的生死劫难后才明白，死亡随时会来。生命是一项随时可能中止的契约，人世因缘稍纵即逝，与其等到那时捶胸顿足来悔不当初，还不如现在就学会珍惜。

阿兰曾经有一个温馨的家庭，有一对爱她的父母，还有一个疼她的哥哥。虽然家在偏僻的山区，但每天牵着哥哥的手一起去上学，放学回家吃妈妈做的热乎乎的饭菜，是阿兰记忆中最轻松、最惬意的场景。天有不测风云。阿兰 12 岁那年，比她大几岁的哥哥突然生病，因为家境贫寒，父母无力给他治病，只能眼睁睁地看着哥哥瘫在病床上。她高考前夕，哥哥终因患重病长期得不到治疗，年仅 21 岁就失去了生命。

哥哥的去世让父母都悲伤不已，为了让父母开心，阿兰努力地学习，终于考上了大学。她考上大学的好消息冲淡了一直笼罩家里的悲伤，父母紧皱着的眉头也终于舒展开来。但这样的快乐并没有持续太久。为了给她挣学费，也为了照顾她，父亲来到阿兰学习的城市，在一家建筑工地上做小工。一年后的一天，阿兰突然接到一个电话，是父亲工地上打来的，电话那端告诉她，她父亲在劳动时突然疾病发作，等她赶到工地，父亲已经永远离开了她。

谁知祸不单行。3 个月后，母亲骑着三轮车行驶在陡峭的山路上，在拐弯处连人带车跌落山崖下，幸亏乡亲们及时将她救起来送进医院，她的母亲保住了性命，但是颈椎被摔断，从此瘫痪在床，再也无法站立起来。

父亲和哥哥的去世，母亲的瘫痪，这一连串的不幸让阿兰几乎崩溃了。母亲需要人照顾，而且她不但失去了学习与生活的经济来源，更背负着为救治母亲所欠下的数万元债务。这沉重的负担压得阿兰几乎透不过气来。她第一个念头便是想着退学在家，为这个多灾多难的家支撑起一片天。可是她舍不得放弃学业，而且她想：只有好好学习本领，毕业后才能找份工作赚钱还债，更好地照顾母亲。

经过再三考虑后，阿兰毅然决定要带着母亲去上学。班主任老师知道后被她的孝心和坚强所感动，帮助她找到住所。她除了照顾母亲，努力学习外，还利用课余时间找了几份兼职。

虽然这样的生活很苦，但是阿兰却从来不抱怨，她说，死亡带走了我父亲和哥哥，现在我的生活中只剩下母亲，我要珍惜这段亲情，尽最大的努力让母亲活得更开心，更幸福一些。

珍惜，是一个多么美好的字眼。因为珍惜的对方必然是珍惜者生命中最美好、最有意义的人和事物。在阿兰的心中，母亲是她生命中最有意义的存在，所以她珍惜和母亲在一起的时光。我们的生命中会出现很多值得珍惜的人和事物：孩童时的玩具，少年时的朋友，恋爱时的恋人，长大离开家后的亲人。这些都是我们生命中最美好的，都值得我们去珍惜。

但很多时候，我们总是忘记了珍惜。我们把时间用来忙碌，忙着学习，忙着工作，为了生活得更自由自在，我们需要积攒更多的财富，于是我们忙得不可开交，忙得心力交瘁。精疲力竭的我们忘记了关心，忘记了沟通。

直到有一天，我们才发现，因为我们的忙碌和忽略，生命中那些最美好的已经离我们而去。朋友疏远尚可寻回，但亲人的离去则是意味着死亡，此生再也没有机会找回来了。也只有经历了死亡，才会真正懂得珍惜的含义。

珍惜，就是要及时做事，及时表达爱意，及时感恩。珍惜，就是要像阿兰在失去母亲之前用心照顾那样，在某事物消逝之前用心去保护、去呵护、去照顾。

世事变幻莫测，生离死别猝然怆恻。在悠悠的岁月之河里，只有经历惊心动魄的生死劫难才明白，死亡随时会来。生命是一项随时可能中止的契约，人世因缘稍纵即逝，与其等到那时捶胸顿足来悔不当初，还不如现在就学会珍惜。

让灵魂得到安宁是非常重要的事

只有让灵魂得到安宁，人才能在这个世界找到归宿感，有了归属感，心便会充满平和和喜悦。

记得在《格林童话集》中，有一篇名叫《骗来的银毫子》的童话，里面讲述了一个因为内疚自责而不得安宁的灵魂。

有一天，父亲母亲和孩子们坐在桌旁吃午饭，同桌的还有一位来访的好朋友。他们正这么吃着饭，钟敲了十二下，这时客人看见门开了，走进来一个面容苍白的孩子，穿着一身雪白的衣服，他既不朝四周看，也不说一句话，就径直走进隔壁房间去了。一会儿，他又走回来，同样不声不响地出了房门。第二天和第三天，小孩子又照样来了。客人终于忍不住问父亲，那个每天中午都走进隔壁房间的漂亮小孩子是谁家的。“我没看见什么小孩子，”父亲回答，“也不知道他是谁家的。”

再过一天，小孩子又来了，客人就指给父亲看，父亲却没看见，他的妻子和孩子们同样地什么都没有瞧见。于是客人站起来，走到隔壁房间门口，将门推开一点点往里瞅。他看见那个小孩子坐在地上，正用手指头起劲地在地板缝里挖啊掏啊；当他发现有陌生人时，就一下子消失了。

随后客人把自己所看到的一切讲了，并且仔细描绘出那孩子的模样，这一来那位母亲才知道他是谁，并说道：“那是我四个星期以前死去的可爱的孩子呀。”随后他们挖开地板，找到了两枚银毫子。这两枚银毫子是有一次那孩子从母亲那儿要去的，说是准备施舍给一个穷人，可是他转念一想：“你可以用它们买一块烤饼呀。”于是他把那两枚银毫子扣了下来，藏在地板的缝隙里。可还没有来得及花，他便死去了。谁知道他躺在坟墓里还不得安宁，每天中午都回来找那两枚银毫子。

后来，父母亲把两枚银毫子施舍给了一位穷人，从此那小孩子才再没有出现。这个故事告诉我们，让灵魂得到安宁是多么重要的一件事情。

在《人生十论》中，作者钱穆曾经说过：“人生追求有三种方向，一、向外追求物质与权力，二、向现实追求当下的幸福，三、向内追求灵魂的安宁。”在当今社会，人心都很浮躁，许多人都拼命去追求前两者。

但他们却不知道，人生最重要的方向并不是前两者，而是第三种：向内追求灵魂的安宁。这才是人生最重要，也是最终极的方向。只有让灵魂得到安宁，人才能在这个世界找到归宿感，有了归属感，心便会充满平和和喜悦。

你得明白，脸红是美德的颜色

无论你出身高贵或是贫贱，都左右不了你品德的好坏。左右你品德好坏的是你的修养，是你控制自己私欲的能力。修养品德是一场长期的战争，生活在这场战争中，我们就需要常常与自己作战。是做一个尊重他人，不护短，有自觉性的品德高尚的人，还是做一个充满私欲心，为利己主义无所不用其极的品德败坏的人，全在我们的一念之间。

这个小镇子不大，镇子上有家油条铺子，这家老板是外地来的小夫妻，每天他们4点就起来开始点火开炸，但即使是这样，依然供应短缺，摊位前常常排起长长的队伍等着买油条。

我每天7点准时去买早点，时间长了，我便对那些排队等候买油条的人们熟悉起来。其中有位老太太，脸上总是挂着憨厚淳朴的笑容，给人印象极深。这位老太太无论是寒冬酷夏都会定时出现在早点摊前，原来她的孙子常年上早班，而且很喜欢吃这家的油条，所以她早早地起来给孙子买早点。

那天，我比往常早一些去，正好排在老太太后面，前面是长长的队伍。小夫妻分工明确，一个和面切条放进锅里，一个拨开、翻炸、捞出、装袋、过秤，顾客们一个一个地走，过了大约二十分钟，老太太前面的人都买好油条走了，眼看着下一份油条就该给老太太了。这时，一个中年男子从旁边骑着电动车过来了，他看了老太太一眼，然后拿起案板上炸好的油条装进塑料袋里。

我认识这个男子，他是镇上中学的一位老师。还是老师素质高呀，我心中感慨着。可是我的感慨还没有发完，只见那男子伸手掏出 3 块钱递给老板，然后拎着油条骑上车扬长而去。老太太虽没有说什么，不过旁边有人不乐意了，那人嚷道："你这人怎么能这样？应该老太太先买。"但那老师早已走远，根本没有听见这话。

第二天，我排在老太太前面。等我买完油条后，就到老太太了。这时，一阵摩托声响起来。我回过脸来却见那个老师已经站到我身后。他像昨天那样，伸手将案板上的油条装进塑料袋里，然后掏出 3 块钱来给老板。

老板看了老太太一眼，犹豫着没有接钱，他嘴唇动了动却没有说出话来，大家都知道，老板家的孩子今年刚从老家转学过来在镇中学读书。众人目光齐刷刷地落在老师身上。老师觉出气氛不对，回过脸来看向众人，空气有几分凝滞。老太太笑道："老师忙呀，应该让他先买的。"

"是啊，我还要急着去上课呢。"老师脸一红，把钱扔在案板上，转身急匆匆地向摩托车走去。

“上课?”老太太望着老师仓促的背影纳闷地嘟囔道，“难道今天不是周末?这可糟糕了，我孙子要耽误上学了。”听了老太太的嘟囔，旁边一位小朋友大声道：“今天就是周末呀。”刚要跨上摩托的老师闻言，一张脸红到耳根后面。

有一位名人曾说：“脸红是美德的颜色。”用在这里真是对极了。一个人做了有失品德的事情，当被人揭穿后，总是会因为羞愧而面红耳赤的。而这份品德，无关身份，无关学识，而是一种做人之道。

无论你出身高贵或是贫贱，都左右不了你品德的好坏。左右你品德好坏的是你的修养，是你控制自己私欲的能力。修养品德是一场长期的战争，生活在这场战争中，我们就需要常常与自己作战。是做一个尊重他人，不护短，有自觉性的品德高尚的人，还是做一个充满私欲心，为利己主义无所不用其极的品德败坏的人，全在我们的一念之间。

孟子曰：“君子之守，修其身而天下平。”想要做一个品德高尚的人，就不能不修养其身。只要你有好的品德，即使你衣衫褴褛，也会得到别人的尊重。而如果你没有好的品德，哪怕你是学富五车，或是富甲一方，也会被人在背后唾弃。要知道：人而无德，生而何益!

但事实上，在生活中的很多时候，一个人的个人素质和道德修养的高下，与所受的文化教育真的无关。不过无论如何，也不要让自己的道德变得还不如 3 块钱的油条值钱。因为但丁说过：“人不能像走兽那样活着，应该追求美好的品德。”

不踩他人的底线，守住自己的底线

每个人都有自己的底线，你如果踩了别人的底线，那等同于是踩了雷区，结果必定是被炸得面目全非；可如果你不断降低自己的底线，任别人踩踏的话，那么最后跌入痛苦深渊的肯定是你自己。

苏琳和陈一江是共同创下千万基业的夫妻。苏琳是当地有名的美人，父母都是公务员。认识陈一江时，他只是制药厂的一名业务员。苏琳的父母不同意他们交往，他们想要女儿找一个公务员，可以舒舒心心地生活。为他，苏琳不惜和父母吵翻，跟他私奔。她早已看出他不是平庸之人，这一点很快便得到证实。婚后不久，陈一江便跳槽去了一家药业公司。经过商海沉浮，他有了自己的公司，并且资产上千万。而这一切也离不开苏琳的功劳，因为她始终坚定地跟随在他身边，陪他一起创业。

功成名就后，陈一江却有了红颜知己。虽然不时有风言风语传进苏琳的耳朵里，但她只是淡然一笑，因为他们是那样深爱着对方。

不过，当她亲眼看见他搂抱着另一名女子走进酒店，苏琳终于相信这不是谣言。她跟随他们踏进酒店的时候，一曲《尽情哭泣》正刚刚弹响，缠绵却凄迷。此时的陈一江正和他的情人在楼上的包房里缠缠绵绵。苏琳却坐在大厅里，没有眼泪，只是浑身颤抖，无以复加的疼痛湮没了她。她不是没想过冲上楼去捉奸，但是她最了解陈一江，要强，爱面子，纵然满怀屈辱，她依然不忍心让他的名誉扫地。

两个小时之后，他搂着情人下楼来。看见她，他的脸色“刷”地变得惨白。而她的眼泪，终于滑落下来。她可以跟他过一贫如洗的日子，却无法容忍他的背叛。陈一江踩住了她的底线。于是，一纸离婚协议书结束了两人 10 年的感情。

很多个夜里，苏琳也会想起他给她的爱。而陈一江终究也是后悔了的。于是，他再次对她展开攻势。最终，在他的柔情下，她的心软了，她放低了自己的底线，答应了与他复合。

复婚后，苏琳以为他会忠诚如一。但不久，她便发现他又和他的情人搅在了一起。他为情人买新房子，并且开始夜不归宿，与他的情人在新房子里风流快活。她质问他。谁知他却振振有词：“你现在是名正言顺的妻子，而她甘愿委屈自己居于二奶的地位，你难道非要赶尽杀绝才快活吗?”他冰冷的言辞让她再次坠入痛苦的深渊。

苏琳后悔自己当初降低了自己的底线，才会被陈一江一次又一次地践踏自己的尊严。其实，在生活中，有千千万万个降低底线的“苏琳”，他们不只是为了爱会降低底线，也会为工作，为友情，一而再、再而三地降低自己的底线。只要愿意，他们总是能找出许多理由来降低自己的底线。

但降低底线能收获什么呢？一个对你实施家暴的人，你降低底线原谅了他，那么下次你还要继续承受家暴，因为他的家暴没有付出任何代价。同理，一个背叛了你的人，你降低底线原谅了他，那么下次他还会接着背叛你，因为背叛你没有让他付出任何代价。这下明白了吧，降低你的底线，除了收获第二次、第三次伤害之外，你不能得到你以为的原谅后的快乐。而且降低你的底线，你所受到的伤害将无尽头。因为当你一再降低你的底线到没有底线的时候，你就已经被对方控制住了。

每个人都会说，我有自己的底线。但你知道真正的底线是什么吗？真正的底线就是“绝不”，没有也许，不可更改。虽然这样的坚持可能会让你失去许多看上去很诱人的东西，比如温情，比如金钱，比如权势。但这样的坚持能够让我们守住我们的尊严。有尊严地活着，心灵才会自由，否则便只剩苟且。

每个人都有自己的底线，你如果踩了别人的底线，那等同于是踩了雷区，结果必定是被炸得面目全非；可如果你不断降低自己的底线，任别人踩踏的话，那么最后跌入痛苦深渊的肯定是你自己。

做人不能踩了别人的底线，而且也不能任意降低自己的底线。

笑着写遗书是一种难得的豁达

我们每个人都要懂得，生离死别是人生常态，每个人都是过客，所以当有亲人离开时，不要过于伤感和痛苦。女孩说得对，我们活着的人唯有在世间安好，逝去的亲人才能安心地离开。

那天，我去医院看病。刚走进医院，就见一个十六七岁的女孩从楼里冲出来，然后藏在一个院子里一个僻静的拐角处无声哭泣。很快，一个中年妇女跑出来，满脸焦急地四下张望。那个女孩看见妇女，只见她抬手悄悄抹掉脸上的泪珠，笑着走了出来。

我的病需要住院治疗。来到病房的时候，我意外地发现那个小女孩正躺在旁边的病床上。女孩白皙的皮肤，清秀的面容，一双大而清澈的眼眸。想起刚才看见的一幕，我不禁多看了她几眼。对上我的视线，她微微笑了，脸上有两个酒窝，笑容很甜美，却掩不住她眼底的忧伤。

女孩话不多，每天只是安安静静地看书，等母亲出去以后，她会拿出一个本子来，在上面写些字。但无论她写得多么专注，只要一见到父母进来，她就会马上合上笔记本。父母问她在写什么，她就回答说在做功课。她的母亲每次听见这句话，眼眶就会泛红，这个时候，女孩总会拉着母亲的手，笑着说："妈，你不要担心，我自己觉得精神一天比一天好，过几天就一定可以出院了的。"

有一天，在水房里，我碰见了她的母亲。她母亲痛苦地告诉我，她女儿是一名高三的学生，却也是一名癌症晚期患者。女孩母亲的话让我倒抽了一口气，心底隐隐作痛。望着眼前这个绝望的母亲，我能感受到她的心酸和悲痛，但我不知怎么去安慰她，所有的语言在死亡面前都显得那么苍白无力。

女孩母亲抹了一把泪，对我说道："你一定要记得帮我保密啊。我怕她知道以后会崩溃的。"望着泣不成声的母亲，我重重点头。

再看见那个女孩，她依然是笑意连连。我和她慢慢熟悉起来，知道她和奶奶最亲，而奶奶刚去世一个多月。爸爸以前生过一次病，再也不能干体力活，家里的重担全部落在母亲身上，现在又要照顾她，母亲已经憔悴了许多。说到这儿，女孩望着窗外，眼里闪动着晶亮的泪珠。

出院那天，我向女孩辞别，女孩笑着对我说："阿姨，我昨天做了一个梦，奶奶来看我，说我的病很快就会好起来的，所以你们都不要为我担心。"但我看得出来，她是在强打着精神和我道别。

虽然离开了医院，但我心中却一直牵挂着那个女孩，便又趁空去了一趟医院。走进病房，却见那张病床上空荡荡。而女孩的母亲正拿着一本日记哭得死去活来。我认得那本日记，就是女孩每天告诉母亲说写功课的那本日记。

护士告诉我，女孩刚去世了，这是女孩给父母留下来的遗书。原来她每天写字竟然是在写遗书，我翻看女孩的日记时，心战栗了。

“爸爸妈妈，当你们看到这本日记的时候，我已经不在人世间了……你们一直隐瞒着病情，怕我会崩溃。其实，早在医生告诉你们那一刻，我就在外面听见了的……爸爸，妈妈，我走了以后，你们会孤独和痛苦，但是你们一定要坚强，请为了我，勇敢快乐地活下去。”

不知什么时候，我已经泪流满面。为女孩悲惨的命运，也为她的懂事和坚强。即使在被病魔折磨得死去活来的时候，她依然在惦记父母，担心父母在她去世后失去活下去的动力，才会写那份遗书来安慰和鼓励父母，这是一份多么让人心痛的担当，又是一份多么让人心痛的通透。

“死，不是死者的不幸，而是生者的不幸。”有很多成年人在面临死亡时，都只是想到自己生命结束的不舍，无法像她这样明了和通透，但我们的生命又是多么需要这么明了和通透啊。如果说我们的生命是一场旅行的话，那么世界便是客栈，我们只是短暂停留，最终我们都要走向死亡，因为死亡才是这场旅行的终点。但当我们到达终点，那还在旅途的我们的亲人该怎么办？他们会因为思念我们而痛不欲生。我们结束了不幸，而他们的不幸才刚刚开始。

每个人都会经历亲人死亡这件事情，无论是黑发人送白发人，还是白发人送黑发人，都是人生最大的痛苦，很多人甚至陷在这种痛苦里无法自拔，最终抑郁而病。要怎么帮亲人们解除这种痛苦和不幸？

最重要的一点便是让他们坦然接受“死亡”这件事情。让他们明白：死亡是生命的终结状态，也是生命的必然规律。

我们每个人都要懂得，生离死别是人生常态，每个人都是过客，所以当有亲人离开时，不要过于伤感和痛苦。女孩说得对，我们活着的人唯有在世间安好，逝去的亲人才能安心地离开。

把握生命中仅剩一点的时光去感受活着

要活在当下，学会体悟周围世界的美妙，那么就会给自己赢得很多美好的时光。而不是要等到死亡来临时，才懂得享受这样的时光！

于娟是复旦大学的教师，北欧留学的海归硕士。正是风华正茂的年龄，却突然患上了癌症。在抗癌的路上，她艰辛地一步步往前走。生命的痛楚让她沉淀了所有的浮躁，剥离所有的伪装，她的日记还原了一个真实的普通女子对生命的感悟。我们可以清晰地看见她的情感，她的不舍。

虽然一次次直面死亡，但是于娟始终那样坚强和乐观。在她的心里，人没有不能承受的痛苦，所以无所谓病痛，咬咬牙就能撑过去。她有一颗热忱的心，即使身在病榻上无法动弹，她依然不忘鼓励病友们："真诚鼓励和我一样身有疾痛的同志们，既然我们已经被迫在人生钢丝上悬走，没有别的选择，那么不如睁大眼睛自己攥紧那根平衡杆，做个有勇气，让人佩服的人。"

有生，自然有死。当我们还活着的时候，我们可以用两个方法处理死亡：忽略死亡，或者正视自己的死亡，借着对于死亡所做的清晰思考，以减少死亡可能带来的痛苦。不过，这两种方法都不能让我们真正克服死亡给我们带来的恐惧，最主要的原因是我们害怕失去自己拥有的东西。我们需要彻底改变我们对于死亡和临终的态度。

许巍在《我只有两天》中有一句歌词唱道："我只有两天，一天出生，一天死亡。"的确，死亡是每一个人都必须要面对的事情。

人类的死亡不外乎三种：一是活到老时自然地死亡，二是身患不治之症，三是意外事故猝然死亡。在三种死亡中，第三种最残酷，但它不用直面死亡的恐惧，其余两种都逃不过直面死亡的阴影，尤其是第二种。于娟的死亡属于第二种，尤金·奥凯利的死亡也是属于第二种。

发病之前，53 岁的尤金·奥凯利担任着全美最大的会计师事务所之一——毕马威会计师事务所的董事长和首席执行官，他热爱自己的事业，也深爱着自己的家人。可就在他处于人生的巅峰时期时，他被确诊为脑癌晚期，医生宣布：他的生命只剩下一百天的时间。

这个消息不啻一个晴天霹雳，换任何一个人都会被击倒的，尤金也被击蒙了。但他没有被击垮，而是选择了对生命的重新思索和定位。他拒绝了医生要他化疗的方案，"其实浑浑噩噩地混日子根本就不叫活着。"他要把握生命中仅剩一点的时光清醒地去感受活着，感受生命。

当生命被宣判即将死亡的时候，你或许会和我一样，害怕、恐惧、不甘，甚至崩溃。而尤金·奥凯利没有这样在接下来的日子里，他敞开心扉，与生命中的每一位朋友和亲人作别。他告诉他们，他谢谢他们，生命因有他们的存在而丰盈。他告诉他们每一个人，死只是另一种新生，他这种直面死亡的信念和勇气不但赋予了他力量，也赋予了他身边的每一个人力量，他让他们明白，他从不曾离开他们。

于娟和尤金用实际行动告诉我们，生命只有一次，人生不会重新来过。要活在当下，学会体悟周围世界的美妙，那么就会给自己赢得很多美好的时光。而不是要等到死亡来临时，才懂得享受这样的时光！

弗洛伊德说："人生是迈向死亡的旅程。"这一点，尤金·奥凯利在临死前体悟到了。他说："到了，我看到了彼岸。没有痛苦，洒满日光。"他安详地离开了这个世界。面对阳光，向死而生，生命便会变得从容而坦然！

死亡是一件迟早都会来的事情，所以我们不必抗拒它。我们该做的便是坦然接受死亡，珍惜当下时光。

信仰是一种让人安身立命的东西

信仰是一种实践，与人的一生不可分割。有信仰的人，当别人迷惘时，他是清醒的；当别人疑惑时，他是坚定的。

信仰，是一个人生活的风向标，更是一个人赖以生存的支柱。人生最重要的是要有信仰，继而才有精神支柱，因为信仰是以人的精神境界抵达到某种高度为准则。信仰是一种文化，是世界上每一代人都孜孜不倦地追求的东西。时至今日，信仰已经延伸出很多种类别。但无论是哪一种信仰文化，只要你有了信仰，你的灵魂便有了标注。

信仰，是一种让人安身立命的东西。在“二战”时期，奥黛丽·赫本和她的乡亲们都处于饥寒交迫之中，随时都有可能被疾病和饥饿夺去性命，幸亏战争结束了，联合国儿童基金会和红十字会进驻阿纳姆市，给居民们提供了药品和食物，正是这种大爱让奥黛丽和她的小伙伴们得以活下来，奥黛丽始终相信是联合国儿童基金会传播的大爱创造了奇迹，她说：“我一生都将铭记联合国儿童基金会对我的帮助。”有人说，信仰的精髓源自于对一种爱的领会，正因为童年时期这些特殊的经历，所以奥黛丽懂得爱对人的心灵世界的重要性无可取代，因此她把爱作为信仰，从此奥黛丽在爱中安身立命。

信仰是一种实践，与人的一生不可分割。有信仰的人，当别人迷惘时，他是清醒的；当别人疑惑时，他是坚定的。奥黛丽因为以爱为信仰，所以即使经受梦想的破碎、流产的痛苦、丈夫的背叛等一系列人生的大打击，她都能顺利度过，并一次次从人生的谷底攀上高峰，并光芒万丈，所以说信仰是一种强大的力量，虽然无形，却足以震撼世界。谁拥有这股力量，谁便有可能创造出奇迹来。没有信仰的人仿佛置身于黑暗中，满心满眼都是山穷水尽的绝望，根本看不到柳暗花明的曙光。

曾经有人问起奥黛丽·赫本关于信仰的话题，她笑着回答道："我的信仰是一只鸟，它感受光明，在天未破晓时便歌唱。"

宽容别人是送给自己的神奇礼物

宽容，是人人都需要具备的品德。在我们的生活中，总会遇到被人误解、谩骂、抨击的时候。如果我们急急忙忙地去和他针锋相对，除了两败俱伤之外，什么也得不到，要知道言语刻薄，是一把双刃剑，在伤害别人的同时，也割伤自己，这实在不足取。在遇到矛盾时，冷静和宽容往往比过激的报复更有效。

今天出门乘坐公交车去办事。半路上，有一对父子上了车，因为车上座位已经没有了，所以那对父子只能站着。那儿子四下看了看，突然蛮横地让一位坐着的老者站起来给他父亲让座。车厢里一时哗然。但那人充耳不闻，只是咄咄逼人地望着那位老者。

大家都以为那老者会训斥这个人，谁料那老者只是摇了摇头，便起身让出座位。大家都为老者打抱不平，纷纷声讨那父子二人。谁知老者只是挥了挥手，说道："不要紧，我前面就到站了。这位本是一片孝心，我相信孝顺的人都是懂礼仪之人，刚才他或许只是太着急了些，大家就不要难为他了。"老者的一席话说得那人羞愧地低下头去。

我办完事出来已经是中午时分，便就近走进一家饭店准备吃饭。我找了一张桌子坐下来点好饭菜，这才顾得打量店里的客人。此时正是吃饭的时间，每个饭桌前都坐满了人，只有离我不远处那张桌子，桌前摆着五把椅子，三个年轻人坐在桌边，他们不时看看门外，脸上很是不爽，显然是在等人。

过了一会儿，他们邻桌的客人离开，紧接着又进来两个中年人。这两个人径直走过去想要坐那儿，谁知座位有点拥挤，他们看到旁边那年轻人的饭桌所占位置大，于是将年轻人的椅子和桌子都往旁边挪动半尺。那两个年轻人本就因为朋友爽约而不舒服，现在又有人动他们的饭桌，顿时大为不满。

双方你来我往骂了几句，那三个年轻人突然抄起身边的椅子向中年人砸去。几个人打在一起。等到来人把他们拉开时，两个中年人已经是满头鲜血直流。众人纷纷指责那三个年轻人小肚气量，就连半尺的宽容都不具备。

想想早晨公交车上让座的老者，再看眼前这三个动手打架的年轻人，我不由得感慨万千：宽容真是一个神奇的东西啊。它既是世界安定祥和的润滑剂，也是一面铮亮的镜子，它能照出我们人性中的真诚与善良，同样也能照出对方的猥琐和卑劣。

当然，原谅伤害自己的人是一件很艰难的事情，这就需要我们有足够的修养。当你明白吃亏是福，面对误解、诽谤、批评的时候，都不去争辩和计较，这种吃亏，其实就是一种宽容的智慧。

历史上最著名的宽容当属六尺巷的典故。清朝康熙年间，文华殿大学士张英的家人与邻居争地界发生纠纷，家人写信给张英要求他出面解决，张英于是给家人回信说："千里修书只为墙，让他三尺又何妨？长城万里今犹在，不见当年秦始皇。"家人接到信后，便立即让地三尺，邻居读了张英的来信十分感动，也主动让地三尺，于是便成了一条六尺巷道。张英凭他短短的一封家书不仅化解了家人与邻居的矛盾，而且也为自己赢得了流芳百世的好名声。

宽容，是人人都需要具备的品德。在我们的生活中，总会遇到被人误解、谩骂、抨击的时候。如果我们急急忙忙地去和他针锋相对，除了两败俱伤之外，什么也得不到，要知道言语刻薄，是一把双刃剑，在伤害别人的同时，也割伤自己，这实在不足取。在遇到矛盾时，冷静和宽容往往比过激的报复更有效。

安德鲁·马修斯在《宽容之心》中曾经说了一句很启人心智的话："一只脚踩扁了紫罗兰，它却把香味留在那脚跟上，这就是宽恕。"蔺相如三让廉颇，最终让廉颇无地自容，有了负荆请罪的故事。而明朝官员董笃行建房让三尺的胸襟造出了仁义胡同，清朝文华殿大学士兼礼部尚书张英家书后退三尺筑墙，才有了六尺巷传奇。这一件件的事情说明，以一种博大的胸怀和真诚的态度宽容别人，就等于送给了自己一份神奇的礼物。

换个立场来看，人无完人，谁敢说自己一生都不需要被宽容？如果我们不去宽容别人，当我们需要的时候，谁又会来宽容我们呢？

只要心存光明，你的世界就必定亮堂

人生路途漫长，谁都会有一个人面对黑暗的时候。不过，千万不要恐惧，更不要绝望，要记住：保留好心底的火种，然后积蓄力量点燃它，那样才能帮助你穿越黑暗，走进明亮的世界！眼睛失明并不可怕，可怕的是心灵上的失明。只要心中有信念，即使你身陷黑暗的困境，也不会感到绝望。

20 世纪 70 年代，辽宁一户普通的人家里，一个婴儿呱呱落地。这个孩子眉清目秀，一双大大的眼睛更是清澈而明亮。每次母亲带他去外面玩耍，他总是忍不住东张西望，对这个绚丽的世界充满了好奇。

只可惜这样灿烂明媚的日子并没有持续太长时间。快满 1 周岁的时候，他的眼球开始出现颤动，对光线的反应也逐渐消失。经医生诊治，他患上了眼底瘤，医生还告诉父母，当时的医学界根本不可能医治好他的眼病。

年幼的他还没来得及享受这个光明的世界，便坠入黑暗的深渊中。他变得暴躁、孤僻和乖戾。到上学的年纪了，他却把自己关在房间里，拒绝去盲人学校，也拒绝与任何人沟通。看着儿子在黑暗中挣扎，父亲什么也没说。

半个月后的一天夜里，父亲对他说："孩子，咱们出去走走。"他抗拒外面的世界，因此拒绝说："我不去，我看不见路。"谁知父亲不容反驳地说："我背你。"说完，父亲蹲下来，把他稳稳地背在身上，向外面的世界走去。

趴在父亲宽阔的后背上，他瞪大了眼睛，但眼前依然是一片黑暗，他再次绝望地抽泣起来。父亲用左手拖着他的身体，右手轻轻拍着他的后背，说："孩子，不要害怕。今天晚上没有月亮和星星，爸爸眼前的世界也是一片黑暗。"

他闻言停止哭泣，好奇地问父亲："你也看不见吗？那你不会摔倒吗？不会害怕吗？"

"我心里有光明呀。心里亮堂就不会害怕。"父亲的声音不大，在黑夜里却异常清晰，"孩子，眼睛看不见不要紧，只要心里有光明就好。"那时候，他还小，对父亲的话似懂非懂，但是父亲的话深深地烙在他的心上。

第二天，他去了盲人学校。黑暗的世界是一个举步维艰的世界。为了培养他的自理能力，父亲让他住校生活。因为不熟悉学校的环境，他经常摔倒，每一次，他都是忍着泪爬起来继续走。有一次，路过水房，他把老师放在地上的一个暖瓶踢倒了，满满一暖瓶开水全部洒在他的脚上，当场烫起一个个大水泡。母亲心疼地哭着要他回家，他却摇摇头，坚持在学校里上课。这样的磨难他经历了很多，但是每一次他都坚强地撑了下来。经过努力，他成为当地一名著名的按摩医师。

每当有人惊叹他现在的成绩，他总是淡淡地笑着说："要想有尊严地活着，就必须自强自立。黑暗不可怕，只要心存光明，那么你的世界也必定会亮堂。"

每个人都有过这样的体验：夜晚在明亮的灯光下，坐在沙发上看电视，或是倚在床头看书。正惬意间，突然停电了，顿时世界一片漆黑。即使知道只是短暂的黑暗，一颗心也会因为黑暗而生出些许慌张来，实在不敢想象永远黑暗下去会是怎样一种恐惧。

却有这样一群人，永远也等不来光亮，他们因为眼疾而不得不在黑暗中度过一生，但他们却坚信失明并不可怕，只要心中的眼睛没有失明，他们的人生就不会是一片漆黑。凭着自己的坚强和勇敢，穿越黑暗的恐惧，开创一片明亮的天地。

人生路途漫长，谁都会有一个人面对黑暗的时候。不过，千万不要恐惧，更不要绝望，要记住：保留好心底的火种，然后积蓄力量点燃它，那样才能帮助你穿越黑暗，走进明亮的世界！眼睛失明并不可怕，可怕的是心灵上的失明。只要心中有信念，即使你身陷黑暗的困境，也不会感到绝望。有时候，用心照亮的人生，比用眼睛看见的人生更加美丽。

第三辑

生命有限，你要认真过好每一天

永恒的价值是在事业中寻求快乐

一个人应该从人类进步的事业中寻求快乐，只有当你倾注了自己的全部生命，去做有益于祖国和人类的事业，你才会有永恒的价值！

每个人活着都希望能够做出一番成绩来证明自己的价值。有的人想用财富证明自己的价值，于是雄心万丈，努力创造财富，因此世界上有了一批又一批的富豪；有的人想用奉献来证明自己的价值，他们怀着高度的责任感积极投入工作，因此世界上有了一批又一批兢兢业业的工作劳模。

他们的确创造了价值，这一点毋庸置疑。但是，这会是真正的永恒的价值吗？不，不是的！这只能算是个人价值，它是不可能长久和永恒的，伴随着人的消逝，价值也会慢慢消散。那么？永恒的价值究竟是什么呢？

在 1947 年 7 月 11 日，著名物理学家爱因斯坦收到美国爱达荷州的一位农民的来信，信中说，希望爱因斯坦寄几句话来，勉励他的儿子阿尔伯特不断上进。于是，爱因斯坦写下了如下回信："雄心壮志或单纯的责任感都不会产生真正的有价值的东西，只有对于人类和对于客观事物的热爱与献身精神才能产生真正有价值的东西。”

爱因斯坦本身便是如他说的那样，他怀着对人类和对客观事物的热爱，创造出相对论，从而开创出物理学科的新纪元。这样的价值才是永恒的价值。

当我们倾注所有的精力去创造这份永恒的价值时，它带给我们的不只是喜悦，有时候它甚至成了我们生命的源泉，让我们的生命长青，保持不竭的活力。

在 1979 年时，画家范曾由于恶性贫血住院手术治疗，随时有休克死亡的危险。他在开刀后噙着眼泪坐起来，为鲁迅小说集画插图。现在《鲁迅小说插图集》已经发行，他深有体会地说：“我本想依此书向人类告别，今天却成了我生命的新起点。”医学科技的发达是范曾身体康复的原因之一，而另一点便是他在事业中所得到的快乐。

“一个人应该从人类进步的事业中寻求快乐，只有当你倾注了自己的全部生命，去做有益于祖国和人类的事业，你才会有永恒的价值！”

担心犯错就是犯下的最大错

从来没有哪一个成功人士敢说自己从来不犯错误。相反，越是成功的人士，犯的错误越多。因为想要进行一件事情或是一个项目，需要推论。但没有错误的推论，就无法推论下去，无法推论，事情或项目自然也就无法进展，也就没有成功之说了。

新闻上报道各种食品配料弄虚作假，卫生很差，真是让人触目惊心。为了家人的身体健康着想，阿梅尽量不在外面买熟食品，家人都爱喝豆浆，于是阿梅决定先从每天早上的豆浆抓起。

身在农村的婆婆得知这件事情，第二天就送来了豆面和玉米面，还告诉阿梅，这样做比打豆浆要省事。阿梅把豆面和玉米面并排放在碗橱里面。婆婆跟在身后兴致勃勃地告诉她："这可都是自己地里收获的大豆和玉米，绝对是纯天然绿色食品。"

清晨，阿梅还在睡梦中就被老公喊醒了，他喊："快起来，我熬好豆浆了。"阿梅探头向外面饭厅里看去，只见儿子已经坐在桌子边，她连忙爬起来去梳洗。

谁知儿子只喝了一口，就跑到阿梅身边来，表情怪异道："爸爸熬的豆浆浓浓的，黏黏的，和妈妈熬的豆浆不一样。一点儿也不好喝。"

"怎么会不一样？"阿梅只顾着洗脸，随口答应道，"一定是你爸爸豆面放得太多，火候太大，所以才会很浓稠，不过这样的豆浆营养很丰富哦。"

"可是味道也不一样。"儿子稚气的脸上露出严肃的神情。阿梅好奇地拉起他来到餐桌边。低头看碗里的豆浆，只见豆浆与平日里用豆浆机打出来的一般雪白，只不过却很浓稠。

听见阿梅和儿子的对话，阿梅的老公端起碗来尝了一口，他突然讪讪地笑道："哎呀，是我弄错了，把玉米面当成豆面，好好的豆浆被我熬成了玉米粥。"

阿梅大笑，原来婆婆是用两个一模一样的食品袋分别装的豆面和玉米面，玉米面又是白色的黏玉米，所以从外观上看起来根本没有区别。看着老公难为情的笑容，阿梅灵机一动："儿子，你爸爸这样做证明了一个道理。"

"什么道理？"

"外观上看起来一样的事物，往往本质上却是完全不同的。"

看着孩子恍然大悟的神情，阿梅笑道："好了，每天喝豆浆，今天咱们换换口味也不错。"她端起碗来喝了一口玉米粥，虽然没有浓浓的豆香，但是却有纯玉米粥特有的口感，喝在嘴里又香又甜，又滑又嫩。

阿梅和我说起这件事的时候，我着实嘲笑了一番她的老公在生活方面的愚笨，同时又为阿梅的感悟点了赞，因为她说得很有道理：将豆浆熬成了粥，是犯了“下错料”的错误，但我们大可不必懊恼，只要揣着一颗平常心去感受，那么我们一定可以品尝出另一种甜美的微妙滋味。

其实，我们的生活中也经常会有“下错料”的时候。譬如上大学时候报错了专业，找工作的时候专业不对口。这些都是我们不小心犯下的错误，但犯错误不等于错误。正确的结果常常都是从大量的错误中得出来的。没有犯错误，便不会有正确的结果。不下错玉米面，阿梅一家便不会偶然喝到了香甜的玉米粥。学生不报错专业，便永远不知道自己最喜欢什么专业。正是因为前面犯的错误，我们才能得出后面正确的结果。

不只是某一个人会犯错，非洲有句谚语是这样说的：“智者的错误要是加起来，是会堆成大山的。”即使是智者都难免犯错误，更何况是普通人。从来没有哪一个成功人士敢说他从来不犯错误。相反，越是成功的人士，犯的错误越多。因为想要进行一件事情或是一个项目，需要推论。但没有错误的推论，就无法推论下去，无法推论，事情或项目自然也就无法进展，也就没有成功之说了。

犯了错误并不可怕，只要及时察觉和纠正就好。就像阿梅的老公将玉米面错误地当成了豆面，察觉后他会纠正，下一次就再也不会犯这样的错误了。由此可见，错误是正确的先导，察觉并纠正后，就一定会走到正确的路上去。

终生不病的人不能成名医，所以不要害怕自己会犯错误。而且当你担心自己会犯错误的时候，你已经在犯一生中最大的一个错误了。

放弃比坚持需要更大的勇气

想要拥有其实并不难，只要认准了目标，然后朝着那个目标努力就是了。只要目标明确，用的方法也正确，拥有是迟早的事情。但该怎样放弃，怎样放弃才是最正确的，这才是一件很难的事情。

在阿美小时候，感情不和的父母经常吵闹不休。终于，不堪忍受争吵的母亲离家而去，半年后，父亲领了一个女人回家。那个女人对阿美总是冷冷淡淡的，因此她报考大学的时候，去了一座离家乡最远的城市。在那座大学里，阿美认识了小山。那一年，她大一，他大三。

4 年的时间一晃而过，阿美毕业了。小山陪着她参加毕业典礼，陪着她参加公务员考试，陪着她到单位报到。规划好未来的一切，在他们相识的第五个年头，小山向她求婚了。谁知，在婚礼前，阿美告诉他："我要离开你，离开这个你为我规划好的一成不变的生活，我要去看看外面的世界。"

在他愕然的目光中，阿美拖起行李箱，离开了这个一直包容她、陪伴她多年的男子。父亲打来电话问她是不是他不够好，她只是摇头。她知道不是小山不好，实在是她害怕踏进围城。她不知道他的包容和爱能不能陪伴她的一生，她是宁愿单身，也不要过父母一样的生活的。

但是，在异乡的旅店里，她却总在半夜惊醒。脑海里一遍遍浮现出他们在一起的时光。还记得大学所在的城市冬天又潮又冷，宿舍里也没有暖气，她体质弱，因此手脚总是冰凉冰凉的，他买来暖宝、暖鞋，他拿到第一个月的工资就租了有空调的房，把她接到外面去住；又用第二个月的工资给她买了一部新手机。在一起居住的日子里，他承揽了所有的家务：洗衣服、做饭、洗锅、打扫卫生，甚至帮她洗澡、洗脚、洗头发。他说，她是他的一切，他要给她自己的所有。

而她都做了些什么？她心安理得地享受着他给的一切，还经常会和他无理吵架，因为她想要他所有一切都听她的，一旦不顺从，她便闹，会不理他。对于她的任性，他总是抱着宽容的态度，从来不与她较真儿。不过，每次吵闹过后，他都会伸手揉乱她的头发，笑着对她说："小不点，你知不知道，这个世界上我最害怕的事情就是让你受委屈。"

她知道，自己要他不停地顺从，其实只是想要证明他是爱她的。而为了爱，他一次次地妥协。想到这些，她的眼睛有些酸涩，心在隐隐作痛。一个星期的辗转反侧后，她登上回家的飞机。下了飞机，她意外地发现小山在机场等她。看见她，小山伸手揉乱她的头发，笑着说："小不点，我一直在等你放弃你的坚持，今天你终于放弃了自己的坚持，你长大了。”

不知道是谁说过这样一句话：“人生最难的不是该如何去拥有，而是该怎样学会放弃。”真的是这样子的。想要拥有其实并不难，只要认准了目标，然后朝着那个目标努力就是了。只要目标明确，用的方法也正确，拥有是迟早的事情。但该怎样放弃，怎样放弃才是最正确的，这才是一件很难的事情。

放弃分好几种，或是放弃物质，或是放弃观念。放弃物质还不算难，因为物质是外在的东西，对于生不带来死不带去的人类来说，任何一种物质都是可以放弃掉的。而且放弃物质也没有太大的风险，如果发现放弃是个错误，还可以努力把它再拥有回来。但要放弃观念就很难了。因为观念置于人的思想中，它根深蒂固，虽然无形，却左右着人的思想。就如阿美从小没有安全感的观点，左右着她的决定一样。

但越是这样，才越要学会放弃。学会放弃观念不是一朝一夕就能做到的事情，需要深思熟虑，需要审时度势，需要左右权衡。而这个过程，也就是变得成熟的过程。当我们经过考虑，发现某种观念不论是对是错，都于我们的未来没有好处时，就要放弃这种观念。

我们的生活的确需要坚持。但如果这个坚持是错误的，那么我们就应该学会放弃。当一个人学会放弃错误的坚持，便意味着这个人开始长大了。只有懂得放弃，才能有幸福，有美好的未来。阿美及时放弃了自己错误的坚持，抓住了幸福。

耍小聪明的结果只能是烫伤自己

世界上的一切都必须按照法定的规则来各就各位，不遵守规则，一味追求不加限制的自由，随性而为，会带来无穷的危险。

潘超在大学里学的工科。毕业时要做毕业设计，便被老师分派到工厂去实习，与他一起去的还有同班的10个同学。在锻造实习的时候，师傅要求潘超和他的同学自行切割锻圆钢，然后锻造成一个20厘米见方、公差范围不超过1.5毫米的金属零件，每个人有三块料，也就是说每个人有三次机会。

几位同学都过关了。师傅把同学们打造好的零件放在旁边的一个铁架子上，然后示意潘超动手打造。谁知潘超将第一块料打废，第二块料也打废，还剩下一块料，潘超着急起来。可是越着急越出错，第三块料也被他打废了。眼看着同学们在师傅的带领下开始做下一个实习项目，潘超又急又慌。他看了看旁边铁架子，心中一动，趁师傅转头之际，他伸手向架子上的一块合格零件抓去。等同学们听到他“嗷”的一声怪叫，潘超的手已经烫伤了。

望望那只烫伤的手掌，再望望地上三个作废的部件，潘超欲哭无泪。原来潘超觉得自己刚才对同学们指指点点，可同学们都过了关，他的三块零件却都成了废品，因此觉得面子上很过不去，便想要偷拿一块合格的零件蒙混过关，却忘了那零件刚加工完，温度极高，谁摸谁都会挨烫。

比起潘超只是烫伤一只手，晓宇的遭遇要惨得多，他在即将升迁之际，要了一个小聪明，最后被公司开除。

晓宇在一家商场里工作，到现在已经有 4 年时间。他的工作能力很强，而且积累了很多的工作和管理经验，因此深得总经理的赏识。春节假期，家在外地的女朋友让晓宇陪她回家，这可是晓宇一直就盼望的事情，但是现在他却很为难。原来在春节期间正是他们商场的销售高峰期。所以他们商场有制度，在元旦、春节等假期，柜长以上的工作人员若无特殊情况，不得请假歇班，违者严惩不贷，而他陪女朋友的事情是不可能通过的。

最终晓宇逃班去陪女朋友，几天后商场发现他翘班，虽然总经理很赏识他，但是在“法规无情，不避高下”的铁一般的制度面前，晓宇依然逃不过开除的命运。

乍看起来，商场总经理的做法未免有些过激，其实不然。一个团队如果想要长久存在，需要强有力的维系力，而这份维系力就是铁一般的纪律。

潘超要小聪明，想要破坏学校的纪律和老师定下的规则，最终挨了烫。晓宇凭着总经理对他的赏识而破坏商场制度，最终被开除。其实，他们两个不知道，世界上的一切都必须按照法定的规则来各就各位，不遵守规则，一味追求不加限制的自由，随性而为，会带来无穷的危险。火车不受铁轨的约束，就会出轨倾覆，飞机不受航线约束就会撞机坠落，学生不受校规约束就会意外连连，官员不受法纪约束就会贪污腐败。

孟子说："不以规则，不能成方圆。"身为社会人，每个人都会与周围的人和组织发生牵连。为了在大众的环境中享受到属于自己的自由，就需要遵守纪律，因为只有纪律才能决定自由，保护自由。

纪律就是一个大火炉，在适当范围内可以取暖，但是会谁摸谁挨烫。生活中这样的"火炉"还很多。恋人之间有自由的火炉，如果你忘记了给爱人自由，试图将对方牢牢拴在身边，那么你迟早会尝到失恋的滋味；人与人之间有道德的火炉，如果一个人超越了道德底线，那么便会无意识地堕落，从而走上犯罪的道路。

火炉面前，人人平等，切莫伸手，伸手必挨烫。千万不要心存侥幸，要小聪明的结果只能是烫伤自己。

为别人点亮一盏灯，自己也会被照亮

有很多时候，我们在给别人开那扇方便之门的同时，也是在为我们自己推开一扇门。为别人点亮一盏灯，那盏灯的光同时也会照亮我们自己。

月底，女儿从寄宿学校回家来，给我说起她们宿舍里的一件事情。

都知道，学生宿舍里的床铺是上下铺，由于上下铺各有利弊，为了防止同学们起争执，于是由学校里统一分派床位。每个床位上都贴着学生的名字标签，学生们进去以后，各自认领自己的床位就是了。

女儿的床位在门后面的下铺，既干净又方便。而且即使敞开门，过道里的人也看不见她那个床位，相对来说比较隐蔽，因此女儿很满意自己的位置。而她们宿舍里有一个挺胖的女孩陈玲，被安排在临窗那张床的上铺。上上下下的时候很不方便。偏偏这个女孩记性比较差，所以经常忘了东西，每天总是会爬上去 N 多次取东西。臃胖的她爬上爬下很是吃力。在坚持了一段时间之后，她开始与下铺的那个女孩协商，想要与她调换一个位置。而那个女孩却嫌穿鞋脱鞋的麻烦，因此固执着不换。

听到这儿，我看向女儿道："不是有四个下铺吗？难道就没有一个人愿意换给她？""大家都嫌上铺麻烦。而且我很满意我的床位，所以就……"女儿对上我的目光，嘴边的话咽了回去。

我想了想，没有在这件事情上面继续说下去。而是转过话题道："小雪，我给你讲个故事吧。"听见我说要讲故事，女儿不以为然地看了我一眼，不过她并没有打断我的话。

我给小雪讲的是一个盲人的故事。这个盲人住在一栋楼里。每天晚上他都会到楼下的花园去散步。奇怪的是，不论是上楼还是下楼，他虽然只能顺着墙摸索，却一定要按亮楼道里的灯。一天，一个邻居忍不住好奇地问道："你的眼睛看不见，为何还要开灯呢？"

盲人回答道："开灯能给别人上下楼带来方便，也会给我带来方便。"邻居疑惑地问道："开灯能给你带来什么方便呢？"盲人答道："开灯后，上下楼的人都会看见东西，就不会把我撞倒了，这不就给我方便了嘛。"听了我讲的故事，女儿露出若有所思的神情，久久没有说话。

过了几天，女儿从学校给我打来电话："妈，我和陈玲调换床铺了，她很开心。其实上铺也挺好的，每天第一个就能看见窗外的阳光。而且很清净，我看书的时候，再也不用担心她们来打扰我了。"女儿欢快的声音让我情不自禁地笑了起来。

我们从小就被教导要帮助人，替他人着想。那时候的我们是多么单纯，即使为别人让一让路，都会感觉快乐无比。但长大以后，思想却被社会这个大染缸染得变了颜色，利己性高于利他性不知多少倍去。即使没有带利己性，也会摆出一副“事不关己高高挂起”的态度来。儿时那种“助人为乐要从日常小事做起，莫以善小而不为”的积极心态早就不见了。

我们只是看到自己的利益，担心去帮别人会耽误自己的时间，耽误自己的精力。却忘了很多时候，我们与人为善只是举手之劳而已，并不需要付出任何代价，却能因为帮助了别人而使自己的心情变得愉悦起来。

有句名言无人不知，那就是“赠人玫瑰，手有余香”。其实，有很多时候，我们在给别人开那扇方便之门的同时，也是在为我们自己推开一扇门。为别人点亮一盏灯，那盏灯的光同时也会照亮我们自己。就如女儿和陈玲换了床铺，却意外地获得宿舍里的第一缕阳光，以及难得的清净一样。

话又说回来，人生如此漫长，在这漫长的旅程里，身为一个社会人，身边有关的任何事物都是一个普遍联系的整体，没有谁能够脱离周围的事物独善其身。即使是很独立的人，生活中也会有需要别人帮助的时候。只不过有些帮助太过细小，我们察觉不到而已。

我们既然接受了别人的帮助，当然也要学会去帮助别人，也应该去帮助别人。

对别人伸出援手，我们也能收获快乐

这个世界这么大，每天都有很多事情发生。而置身在这个环境中的人，并不是每一个人都顺利，他们会需要别人的帮助。帮助别人摆脱贫困或是给没有工作的人一份工作这样的困难，咱们没有能力提供帮助，但总有很多小麻烦，我们有能力帮他们解决。

在一次同学聚会中，我遇到了老同学刘军。他小时候调皮捣蛋，老师看到他就头疼，谁承想现在他已经是一家私企老板。这些年来，他凭着精明的头脑和独到的眼光，生意做得蒸蒸日上，过着风光惬意的生活。

刘军的生活让很多老同学既羡慕又不平，不过，当得知刘军每年都会拿钱出来捐助贫困山区的孩子们时，大家看他的目光都由羡慕转为钦佩。

我好奇地问刘军怎么会走上做生意的路，又怎么会想到做慈善？刘军收起笑，表情变得严肃起来，他幽幽地说："说出来你也许不会相信，我当初做生意并不是为了发大财，就是想让自己有能力了，当有人需要帮助时，我至少可以有能力对他伸出援手。做慈善也是为了让自己的良心得到安宁。”

刘军告诉我，他在没有创办企业之前，在北方某城市的一家货物储运有限公司做司机。有一次，部门经理打电话来要求刘军去火车站接公司老总，那天天气恶劣，狂风暴雪使得车辆行驶起来异常艰难。

他开着车与部门经理小心上了路。暴风雪纷纷扬扬，对面看不见人，轿车只能一点点地往前挪动。车子行驶到一处偏僻的路段，有两个人抱着一个被烫伤的孩子拦车。他将车停下来，那两个人告诉他，他们是外地来这儿打工的，孩子被开水烫了，但这种天气根本没有公车，出租车也都不跑，他们只能抱着孩子走去医院。谁知到了半路，孩子就冻得不行了。

刘军心想，这么冷的天气就是好人也可能活活冻死，更何况是一个烫伤的孩子。他连忙打开车门要让那一家子上车，却被部门经理拦住了。部门经理说不能让老总在火车站等。

过了几天，刘军听说那个被烫伤的孩子因为延误了病情而导致死亡，而孩子的妈妈也因此喝药自杀了。知道这件事情后，刘军心里很自责，他想，要是那天自己坚持把那一家子送到医院，小孩也不会丧了命，而小孩的母亲也不至于自杀。

刘军想，如果那车是自己的，那么他完全可以向那一家子伸出援手，但遗憾的是自己没有那个能力。为了让自己有能够援助他人的能力，刘军辞了职，回到家乡创办企业，经过一番努力打拼，他挣了很多钱。他用自己挣的钱帮助了很多需要帮助的人。有钱，有义，周围的人提到刘军，没有不竖大拇指的。

刘军的日子过得风光体面，别人都羡慕他的生活，但却没有人知道他内心的痛苦。他总觉得自己的良知丢在了那个冬日里，于是他用慈善帮助那些贫困孩子，以这种方式来找回自己当年丢失的良知。

刘军的话让我很震撼。其实他完全没有必要那么自责，毕竟当初他也只是一个打工仔，没有那个能力。但他让我懂得，人必须要有良知，有些事情做到做不到无所谓，但当别人需要帮助时，至少要想办法伸出援手。

这个世界这么大，每天都有很多事情发生。而置身在这个环境中的人，并不是每一个人都顺利，他们会需要别人的帮助。帮助别人摆脱贫困或是给没有工作的人一份工作这样的困难，咱们没有能力提供帮助，但总有很多小麻烦，我们有能力帮他们解决。

我们终究是平凡人，能力有限，所以无法帮助每一个需要帮助的人，但我们总能力所能及地帮助某些人。比如外地人到陌生的城市找不到路，盲人过马路时看不到红绿灯，孕妇出门坐车没有了座位等。有句老话说得好，帮助要从小事做起，不要因为善小而不为。

当我们对别人伸出援手时，我们也能收获快乐。指路、让座等事情虽然很小，但能够让我们的心情愉悦，更能反映出我们的品德修养。

有一句话说："我们越帮助别人，我们也就越成功。"李军的经历便证实了这一点。他为了能够帮助别人，辞职创业。这个想法也成就了他的人生和事业，所以善良的人总是有好报的。

生命有限，你要认真过好每一天

生命是短暂的。烟花怒放，只不过一瞬，但它绽放的光华却惊艳了世人的眼睛；昙花一现，瞬间凋谢，但它绚烂的花朵却让世人为之沉醉。这样的生命过程，才是最有意义的。人生在世数十载，相比起地球和宇宙千亿年的存在，人的一生比烟花、比流星都还要短暂得多。

在美国的佛罗里达州群岛中，有一个很小的岛屿，以前是一个无人居住的岛屿，因为岛上风景优美，空气清新，很适合人居住，所以现在已住满了来自世界各地的移民和旅游观光者。居民们修建的房子都涂上白色或蓝色的涂料，显得干净纯粹，宛如梦幻般的童话世界。这样独特的风景吸引着游客们的目光和脚步，但凡是来此旅游的人们都乐不思蜀。

人们在岛上流连忘返，每一条街道的风景都很迷人，引得人们驻足观赏。不过，人们很快便发现一件怪异的事情。那就是在岛屿的中心位置有一片墓地，岛上所有去世的人都会安葬在此。按道理说，在岛上居住的人多选择海葬，而且在这片寸土寸金的地方，岛中央的地段是最值钱的地方，怎么能拿来修建墓地呢？

而这一切还不是最怪异的，最为奇特的是墓地的四周都是民居，而且四个方向的房子前院都面对着墓地。无论你居住在岛屿的哪个方向，都会看见这片墓地。实在无法想象，与亡灵们毗邻而居会是一种什么样的感觉？

小岛不大，但因为各方来客众多，所以小岛上也很繁华，不过，这些繁华都在岛屿的外围，远离岛屿中心的位置。每一次靠近墓地你都会发现，这儿除了静谧，还是静谧，所有人到了这儿，都会自觉地安静下来，站在墓地的栅栏外向里看，一座座墓碑整齐地排着队，把生与死的界限划分得分外清晰。冥冥中仿佛存在着一种神奇的力量，让人们自觉去思索些关于生命的意义之类的问题。

感受着墓地的静谧，再回头望向不远处的喧闹，不禁让人心生出一个疑问来，为什么要把墓地修建在闹市区里？要知道，出于对亡者的敬畏和恐惧，一般的墓地都会修建在郊外无人居住的荒凉地方，而在这儿，却把墓地修建在最繁华的闹市区里，这真是有悖常理。

说到这个问题，岛上的居民总是淡然一笑，然后告诉你答案。原来，这座墓地以前并不在市区中心，而是在岛屿最南端的悬崖上方。有一年，岛上遇到一场强大的台风，几乎把整座岛屿毁灭。在那场台风中，死了很多人，所有遇难者都安葬在南端的墓地里。

灾难过后，许多人不堪承受失去亲人和家园的痛苦，便在墓地那儿跳崖自杀。为了防止这样的悲剧发生，岛民们便把墓地迁到市区中心位置，并且在新建岛屿的时候，规划把每处房都面对着墓地。这样做的目的，是让大家每天出门看到墓地就能想到生命的短暂，从而引起对生命的思索，达到珍惜生命的目的。自从墓地建成后，岛上再也没有发生过跳崖自杀的事情。

墓地的警示让当地的居民都懂得了一个道理：生命是短暂的，而且各种各样的灾难会随时终结我们的生命，一旦当我们意识到生命的有限，就会认真过好每一天。

但还是有很多人不懂得这个道理，他们每天陷在自己的小情绪中悲观绝望。这些人不懂得生命本就短暂的道理，不去享受短暂生命中该有的美好，却急急忙忙地结束自己甚至是别人的生命。真是愚蠢。

生命是短暂的。烟花怒放，只不过一瞬，但它绽放的光华却惊艳了世人的眼睛；昙花一现，瞬间凋谢，但它绚烂的花朵却让世人为之沉醉。这样的生命过程，才是最有意义的。人生在世数十载，相比起地球和宇宙千亿年的存在，人的一生比烟花、比流星都还要短暂得多。

即使是这么短暂的一瞬，还会有各种飞来横祸和各种疾病和我们抢夺时间。佛罗里达州群岛上的台风、汶川和唐山大地震、印度洋大海啸……每一场飞来横祸都会带走许多本不该那么早走的人。能够幸免于难的人真是幸运。我们应该好好珍惜这短暂的一瞬间。能够像昙花那样在一瞬间绽放美丽的花朵，自然是最好不过。但倘若没有积蓄那般能量，平淡却平安地度过一生，也是极好的。

智慧并不产生于学历

德国哲学家叔本华曾说过："智慧只是理论而不能付诸实践，犹如一朵重瓣的玫瑰，虽然花色艳丽，香味馥郁，凋谢了却没有种子。"

在《爱因斯坦谈人生》一书中，收录了爱因斯坦与一位成功人士的来往书信。1954 年 3 月 22 日，这个人亲笔给住在普林斯顿的爱因斯坦写来一封字迹密密麻麻的长信，他在信中失望地哀叹世上像爱因斯坦这样敢说敢讲的人实在太少了，他觉得世界还不如退回到动物时代好。接着就说："我想您会愿意知道我是何人？"

然后他详细地说起他是怎样在 9 岁那年从意大利来到美国，当时怎样天寒地冻，结果他的姐妹惨遭冻死，他自己也几乎丧生；在上了 6 个月的学之后，他又是怎样在 10 岁那年开始做工；17 岁那年他上了夜校等；现在他已是实习机械师，空余时间他依然在读书和学习，他说真正的教育来自阅读。

他摘引了一篇有关爱因斯坦的宗教信仰的文章，对该文的准确性表示怀疑。他对正式宗教的许多方面都不以为然，他说，成千上万的人每天用许多种不同的语言祷告上帝，上帝必须有一个规模庞大的教士团来记录他们的一切罪过。最后，他随信附上了一张支票请爱因斯坦施舍给穷人。

爱因斯坦对这封信产生了极大兴趣，他回信道：我收到过成千上万封来信，但很少有像你的信那样令人感兴趣的。我认为你对我们社会的见解是颇有道理的。你所读到的那篇有关我的宗教信仰的文章当然是个谎言，有人故意地不断重复散布这个谎言。我不相信什么人格化的上帝，我从不否认这一点，而一向说得清清楚楚。如果我身上有什么称得上宗教性的东西，那就是一种对迄今为止我们的科学所能揭示的世界的结构的无限敬畏。我无法把你信中所附的那笔钱转交给适当的人，因此只能随信璧还，我十分赞赏你善良的心肠和美好的意愿。

信的最后，爱因斯坦赞赏道："你的来信还使我认识到，智慧并不产生于学历。"

美国的第16任总统亚伯拉罕·林肯出生在肯塔基州哈丁县一个清贫的农民家庭，母亲早逝。为了生活，他的父亲必须辛苦耕种大量土地，同时还要做如鞋匠、伐木工人和木匠等各种短工才能维持生计。小时候的林肯需要为家里搬柴、提水、做农活等。即使这样，生活也过得极其艰难。林肯曾经描述自己的童年是"一部贫穷的简明编年史"。稍微长大些后，林肯为了生活便出去做工，他当过俄亥俄河上的摆渡工、种植园的工人、店员和木工，最后当上美国总统。在这期间，林肯做过很多工作，获得很多东西，唯独没有正规上过学。他所有的知识都是自学而得。

有机会在学校上学固然好，但由于某些原因而无法上学的人也不必悲观。因为智慧它并不产生于学历，而是来自对于知识的终生不懈的追求。但知识能够诱发智慧，却又不能替代智慧，更不能与智慧相提并论。

如果说知识是年复一年长了落，落了又长的树叶，总是新的取代旧的话，那么智慧便是树干上的年轮，在岁月的积淀中越来越多，越来越大，越来越丰厚。也就是说，智慧是一切知识的综合，也是一切人生经验的综合。

智慧胜于知识，因此有人说，智慧是知识之父；智慧又来源于经验，因此有人说，智慧是经验的孩子，而不是学历的孩子。

智慧的标志是在平凡中发现非凡，智慧的美胜过形体的美，智慧的特征是不做愚蠢莽撞的事情。智慧体现在周到的思虑、得体的言语和公正的行为上。

智慧有四个原则：正当做事的原则，公正处理公私事务的原则，不避艰难的原则，压抑欲望淡泊自持的原则。柏拉图说，拥有这四项原则的人，便是拥有了完整的智慧。

如果你拥有智慧，即使这份智慧并不完整，也请你不要懒惰，也不要犹豫，就用这些智慧去做一番事业吧，像给爱因斯坦写信的那位成功人士一样，像林肯那样。因为德国哲学家叔本华曾说过：“智慧只是理论而不能付诸实践，犹如一朵重瓣的玫瑰，虽然花色艳丽，香味馥郁，凋谢了却没有种子。”

你不善于沟通，就只能与孤独为伍

在生活中，我们时常会陷入这样一种情绪：“觉得没人能真正理解我们，没有一个人能百分之百体会我们的感受。无论我们怎么努力融入周围人的生活，灵魂深处却总不会得到归属感。”但我们如果静下心来审视自己会发现，其实很多时候，是我们自身处于一个错位的频率中。

朋友阿豪是一个很有才华的年轻人，早在大学里的时候就被多家公司看好。大学一毕业，他就被一家大公司聘用为小组长。阿豪本来就是一个性格张扬的人，加上才华有了施展之地，因此他颇有些骄傲。

朋友能够得到重用，我们自然都很为他高兴。谁知半年后，他却选择了辞职。听了这个消息，我们都很是惊讶。在我们的追问下，他摇头苦笑着告诉了我们原因。

原来阿豪进公司后不久，小组里便接了一个项目，这个项目难度系数高、工作量很大，因此需要多人通力合作才能完成，公司为此专门给他指定了六名组员。阿豪第一次做项目，自然希望能够做出优秀的成绩。他规定大家每天早来晚走，把时间和精力全部用在研究项目上。偏偏那六名组员是老员工，本来就不满意被一名新人领导，因此根本就不遵守他的规定。这让阿豪很是恼火。身为小组长，他自然要和他们较真儿，因为骄傲，他的言辞间便充满了霸气和傲气，这一下惹恼了那六名组员，他们串通一气，把他孤立了起来。当那六名组员不与他团结一致时，这个项目自然是以失败而告终。

当郁闷的阿豪向上司解释的时候，上司却冷冷地告诉他，他没有带领团队的能力。被同事孤立，被上司误解，他感到异常孤独，最后他选择了辞职。

望着神情落寞的朋友，我拍了拍他的肩膀以示安慰。

“我也是为了团队着想，为了公司的项目着想，他们却都孤立我。你说我错在哪儿了？”阿豪难过地问我。我没有直接回答他，而是问他听说过最孤独的鲸鱼的故事没有？他摇摇头。

“前些日子我在网上看见一条关于‘世界上那只最孤独的鲸’的新闻报道。1989 年时，科学家们发现并跟踪了一条鲸，它始终孤零零地一个在太平洋北部的海域里来回游逛。几十年过去了，人们发现这条鲸没有一个亲属和朋友，即使与别的鲸鱼擦身而过，也没有鲸鱼理它，它唱歌的时候没有鲸鱼搭理它，开心的时候，没有鲸鱼理睬它，难过的时候，也没有鲸鱼安慰它。”

阿豪听了关于这条鲸的故事后，再想起自身的遭遇，忍不住叹气道，“唉，我觉得自己现在孤独已经够可怜的了，想不到这条鲸比我还要孤独。"

我问他："你想知道所有的鲸鱼都不理它的原因吗？"

"对啊，一个乞丐还有三个叫花子朋友呢。你看我虽然被上司和同事排挤，不还有你这个朋友嘛。为什么这些鲸鱼都不理它？"阿豪纳闷地问。

"原因很简单。"我告诉他，"因为鲸鱼是通过发生频率来交流的。这只孤独鲸的频率有 52 赫兹，而正常鲸的频率只有 15～25 赫兹，它们的频率不在一个段位上，因此别的鲸鱼根本听不到它的发声，也就无法进行沟通和交流。"阿豪听了这番话后，若有所思地低下了头。

在工作中，我们和同事是一个团体，但在这个团体中，总有一部分人会受到排挤，习惯了在别人身上找问题的我们常常会觉得是同事故意刁难，但却总是忘记低头审视一下自己。其实，问题有时候就出在自己身上。俗话说："人心齐，泰山移。"一个团队如果想要成功，必须相互关心、相互激励，和睦合作。而我们的自傲、孤僻、冷漠、忌妒都会让我们与团队中的人无法沟通，从而被孤立起来。

一个团队有一个人被孤立，那么这个团队就不会有和睦的氛围，整个团队的力量和智慧便会被浪费。一个团队，如果不能做到人心齐，那么便只能是一盘散沙，难以成大器。所以很多时候，一个无法和人正常沟通的团队成员会毁掉整个团队。阿豪就是这样一个例子。

但阿豪和像阿豪这样的人却委屈得很呢，他们觉得，自己那么热诚地向同事们沟通和交流，但他们却总是无法理解自己，这是自己的错吗？当然不是。怎么能把所有的后果都让自己来扛呢？但他们却不知道，并不是同事们不愿意和他沟通，而是他与别人沟通的方式不对。发出声音的频率不对，自然就无法沟通和交流了。

在生活中，我们时常会陷入这样一种情绪："觉得没人能真正理解我们，没有一个人能百分之百体会我们的感受。无论我们怎么努力融入周围人的生活，灵魂深处却总不会得到归属感。"但我们如果静下心来审视自己会发现，其实很多时候，是我们自身处于一个错位的频率中。

任何一座摩天大楼，都是从第一块砖开始砌起来的

任何一座摩天大楼，都是从第一块砖开始砌起来的，人生和事业亦是如此。无论是我那个已经成为公司高端管理的朋友，还是富甲一方的坎普拉德，他们的人生都是从砌好第一块砖开始，也只有这样，他们人生的大厦才会牢不可摧。

那天到宜家购物，无意中得知宜家创始人英格瓦·坎普拉德的创业经历。他生于瑞典一个名叫艾姆赫特的小村落里。坎普拉德的祖上是富足的大资本家，后来，祖父用所有的资产购买了一个农场，但最终农场却因祖父的管理不善而陷入绝境，祖父也因此绝望地自杀了。

幸亏聪明的祖母凭借自己的勤劳才使家族得以生存。英格瓦·坎普拉德的父亲长大后，祖母把农场交到儿子的手里。但英格瓦·坎普拉德的父亲却不善于经营。英格瓦看在眼里，急在心上。他想要帮父亲管理农场，却被祖母和父亲以他年幼没有经商经验为由拒绝了。英格瓦·坎普拉德那时才 11 岁，在家人眼里，他还只是一个孩子。

英格瓦·坎普拉德决定学着做生意。他从村子里采购来花种卖给

种子商店，又在商店批发小塑料袋回去卖给村子里的农民，从中赚取利润。这一次买卖很成功，他不但交给母亲许多钱，还给自己买了一辆自行车和一台打字机。

第一笔生意的成功让英格瓦·坎普拉德信心倍增。他一边上学，一边做各种各样的生意。中学刚毕业，他便创办了自己的企业，也就是宜家。几年以后，他成了一家文具公司驻瑞典的总代理人，而他的宜家公司也成了蜚声全球的大公司。

一位朋友上完大学之后出国深造，获得了计算机博士学位。因为思念父母，所以他完成学业之后便回国来发展。谁知虽然他是有着很高的学历的海归，去找工作的时候却接连碰壁，被许多家公司都拒之门外，这让他既郁闷又无奈。

一天，他沮丧地从一家公司出来，漫无目的地游走在大街上。当他路过一个工地的时候，他停了下来。那里要建一所摩天大楼，已经打好了地基，领导们刚举行完剪彩仪式。等到人群都散开后，一群砖瓦工走过来，只见其中的一名砖瓦工拿起一块砖，嘴里大声说道："万丈高楼，都得从这第一块砖开始。"等他把那块砖端端正正地摆放在地基上，工友们这才动手砌墙，很快，一堵墙便砌了起来。他凝神望着那堵墙，沉思了很久。

第二天，他收起了所有的学历证书，去一家电脑公司应聘了一名最基层的程序录入员。堂堂的计算机博士去做最底层的工作，这让他的亲人和朋友都无法理解。而他也并不解释，只是兢兢业业、一丝不苟地工作。丰富的知识让他很快就发现程序中的许多错误，这是一般的程序员所无法做到的。老板对他很是赏识，于是提拔他做了科长。

在新的职位上，他认真踏实地工作着。他的敬业精神在公司中极有口碑，而且每次开会的时候，他总是能提出许多好的建议，公司因此业绩大好，很快他就被提拔为经理。随着职位的提升，他和老板也熟络起来。老板被他对专业知识的了解所震撼，这时，他拿出自己的学历证书，老板这才明白自己的这位经理是一位高尖端人才，于是毫不犹豫地重用了他。

任何一座摩天大楼，都是从第一块砖开始砌起来的，人生和事业亦是如此。无论是我那个已经成为公司高端管理的朋友，还是富甲一方的坎普拉德，他们的人生都是从砌好第一块砖开始，也只有这样，他们人生的大厦才会牢不可摧。

生活的芬芳来自恰到好处的慢

在成长的过程中，请不要着急，不要急着想得到生活所要给予你的。有时候，我们需要拿出耐心，在耐心中慢慢去等待，在等待中慢慢地去创造、去领受。有耐心的人，总是能看到自己所期盼看到的。只要是一种恰到好处的慢，生活的芬芳总会如约而至。

在生命中，我们常常需要耐心，需要等待。

一个春天的早晨，11 岁的女儿和 5 岁的儿子在院子里的花坛中发现了两株嫩黄的小苗。两个人随即兴冲冲地跑进书房来，问我那是什么？

望着两张挂满求知欲的稚气的脸庞，我实在不忍心拒绝他们，于是放下手里的工作，随他们出去仔细看了看，竟是两株刚刚长出几片叶子的玉米苗。

在女儿和儿子的强烈要求下，我点头同意把它们保留下来，不过前提是他们两人必须照顾它们。他们连连点头，两张小脸在太阳下顿时盛开成两朵灿烂的向阳花。我坐在书房靠南的书桌前，就听见姐弟两个在外面花坛边商议“大事”。

“小弟弟，咱们两个人来照顾它们。”听得出来，小姐姐的语气很严肃。

“嗯。”

“那么，现在你选一棵，由你来照顾它。剩下的另一棵就由我来照顾。”两个人商议了一会儿，小姐姐秉承照顾弱小的美德，把那棵茁壮的小苗让给小弟弟照顾，而自己则照顾瘦弱的那一棵。

从那一天开始，每天总是盯着动画片看，几乎从不出屋的小弟弟突然爱往院子里跑。只见他一会儿给玉米苗浇点水，一会儿伸手去摸摸那玉米苗的叶子。然后就会追着小姐姐问：“姐姐，怎么它还不长?”

“小弟弟，它需要慢慢长。你这样迟早会把它照顾死的。”小姐姐耐心地对小弟弟解释。她每天还是做自己的事情，看书、上网、陪弟弟玩耍，只是偶尔会去给自己那棵玉米苗浇水。而小弟弟依然每天会去给它浇水，爱抚它。看得出来，他是那么急迫地想要看见它长大并收获又大又甜的玉米。

两个月以后，姐姐的玉米苗长到和姐姐一般高了，开始抽出玉米花丝，同时顶部出现雄花粉；而弟弟那棵玉米苗却只有弟弟的个子那么高，并且还长得又瘦又黄。小弟弟常常围着姐姐那棵玉米转啊转的，然后再回头看着自己的那棵玉米叹气。看到这一幕，我总是忍不住笑。

3 个月以后，花坛里只剩下一棵又高又壮的玉米，秆上长着一个大大的玉米棒子。望着姐姐那个大大的玉米棒子，小弟弟的眼里露出羡慕的神色，清澈的眼睛里慢慢涌上一层晶亮。看着孩子的小脸马上就要泛滥成灾，我连忙哄他："小宝贝，妈妈给你煮玉米吃。"

我把玉米棒子掰下来，去了皮煮熟以后，给两个孩子一人一段。轻轻咬一口，是那样的清香甘甜，那美味在齿颊间久久不去。小弟弟的脸又绽放出灿烂的笑容，一如那绚烂的向日葵。

其实我想告诉孩子，在岁月的长河中，咱们的生命犹如这株玉米，如果想要让它长成饱满甘甜的玉米，要耐心等待，虽然等待的过程是痛苦的，但结果却是甜蜜的。

在通往成功的路上道理也是如此。纵观历史上那些著名的成功人士，他们在实现雄心壮志的过程中，无不经历了"耐心"这个词。耐心，是耐住寂寞，是让心保持平静。少了耐心，便会半途而废，最终与成功失之交臂。但如果多一分耐心，多一分等待，就能实现自己的目标，从而获得成功。

耐心，也是保持耐力，在平静中用耐力持之以恒地为自己的目标而努力。想要有一个甜蜜的结果，除了耐心等待之外，还要去工作，去创造。如果只是光等待甜蜜的结果，而不去努力劳作，那么就和期盼天上掉馅饼的人一样，到头来只是一场空。法国著名的思想家蒙田在文学上有了成就并获得人们的赞美时说："我之所以能够有所建树，是因为我有两个助手，一个是我的耐心，另一个是我的双手。"说的就是这个道理。

在成长的过程中，请不要着急，不要急着想得到生活所要给予你的。有时候，我们需要拿出耐心，在耐心中慢慢去等待，在等待中慢慢地去创造、去领受。有耐心的人，总是能看到自己所期盼看到的。只要是一种恰到好处的慢，生活的芬芳总会如约而至。

珍惜生命中最美好的就是幸福

这个社会五光十色，充满各种诱惑。有分辨能力的人，知道哪些最美好的人和事物是值得珍惜的。但没有分辨能力的人，便会在享受美好的过程中迷失自己，他们总是忘记自己最需要什么，总是忘记究竟什么才是生命中最美好的。

李先生和妻子认识的时候，刚参加工作。李先生从小就胃不好，加之每天忙碌的工作让他经常忘记吃饭。妻子很是心疼就经常给他捎饭。知道他最爱吃煎饼，她便向邻居大娘请教摊煎饼的方法，然后每天摊给他吃。其实，摊煎饼是一件很费精力的事情。她必须每天早晨提前一个小时起床。摊好煎饼后，她会一张张卷上菜，然后整齐地码在保温盒里。每天中午，他吃着香喷喷的煎饼，感受着她的爱，他发誓要一辈子对她好。

两年后，他们有了一个可爱的儿子。三个人，一个家，温馨、甜美，周围的人们无不羡慕他们。她很满足这样的生活，她对他说："咱们一定要好好呵护这份幸福，并把这份幸福永远延续下去。"

但是，这样的幸福并没有持续多久。

儿子4岁的时候，李先生厌倦了朝九暮五的生活，想要辞职下海。她说，去吧，我全力支持你。公司刚刚起步，谁知一次失误让他的公司面临倒闭。那段时间，追债的、讨薪的，搞得他心力交瘁，他心灰意冷，意志消沉，是她用温暖的手握着他的手，说，你还有我呢。我有工作，足以养活咱们三人。那一瞬间，他感动得流下眼泪来。

也正是她这句话打消了李先生所有的顾虑，她的支持给了他信心和力量，他重振精神，放手一搏，很快，公司走上了正轨，并不断发展壮大。几年后，他已经拥有一家大公司，在众人眼里，李先生是一个成功人士。

但她还没有来得及分享他成功的喜悦，他却向她摊牌要离婚。原来，和所有俗套的言情剧一样，李先生在外面有了一个情人。得知这个消息时，她很是惊讶，却并没有失声大哭，只是含着泪对他说，你再慎重考虑考虑，不管什么结果，我都不会为难你。他早已被青春时尚的情人勾住了魂，曾经的过往也被他抛在九霄云外。她安静地在离婚协议书上签了字。

李先生迫不及待地和情人结了婚，日子过得颇为得意。新妻子的年轻靓丽让他在人前很有面子。不过，一场突如其来的病让他倒下了，医院会诊后确定他患了绝症。听了医生的诊断，新妻子突然跪在他的病床前，她说自己还年轻，要求他给她立一份遗嘱和一张离婚证。看她一脸的认真和执着，李先生的心一下子就凉了，他想要大声怒骂时，眼前闪过他在要求离婚时，前妻那绝望却安静的表情。他知道，这是自己的报应，怨不得别人，他必须接受命运的惩罚，于是他遂了新妻子的愿。

离婚后，李先生一心等死，谁知却被医院告知自己根本就没有得绝症，只是长期饮食不良导致胃病重犯。回到家，儿子给他送饭来，看着保温盒里码得整齐的煎饼时，他的眼泪一下子就涌了出来。他明白，自己已经把生命中曾经拥有的最美好的东西丢失了。

李先生回去找前妻，想要和她重归于好。但她只是轻轻摇头。原来，在他离去后，她遇到了一个朴实的男人，他们过着安静祥和的生活。李先生懊悔地说："以前我嫌弃她没有靓丽的容颜，但我现在才明白，原来她才是我生命中最美好的，但我却再也找不回来了。"

我们的生命说长不长，但说短也不短，如果没有癌症、车祸等意外来临，我们就将会在这个世界上生活近百年之久。在这个漫长的时间里，我们总会遇到很多美好，而这些美好中，总有最让人心安的美好。

儿时，最美好的不是吃不完的零食，是妈妈温暖的怀抱；上学时，最美好的不是考了第几名，是早晨上学路上的朝阳、课间同学们的嬉笑打闹、放学回家时父母的微笑。等到青春时期，最美好的不是可以穿着高跟鞋，允许踏进热闹的 KTV，而是朋友们的一次旅行，是恋人窃窃的私语；结婚后，发现最美好的不是腰缠万贯，而是爱人不离不弃的陪伴，是家人的健康平安。

由于美好给人的感受总是愉悦的，所以人们都拥有享受美好的能力。他们追求美好，享受美好。甚至以能够持久地享受到美好为目标。

但很多事情证明，上帝给了人类享受美好的能力，却没有给他们分辨美好和最美好的能力。哪种美好是只可远观的，哪种美好是不可或缺的，很多人都弄不清，就像李先生一样。

这个社会五光十色，充满各种诱惑。有分辨能力的人，知道哪些最美好的人和事物是值得珍惜的。但没有分辨能力的人，便会在享受美好的过程中迷失自己，他们总是忘记自己最需要什么，总是忘记究竟什么才是生命中最美好的。

忘记了生命中最美好的，便会在追求中走向岔路。等到撞了南墙再回头看，才会发现自己大错而特错。但想要回头已经来不及了。

我们每个人都要锻炼自己分辨最美好事物的能力，只有拥有这种能力，才能够珍惜自己生命中最美好的一切。千万不要像李先生那样，等到追悔莫及的时候，才想起你生命中最美好的，谁是你最值得珍惜的人！

撒手吧，让彼此去寻找各自的甜美

面对无法操控的局面，我们要明白，自己只是一个平凡人，不具备无所不能的超能力。想要去纠正局面，无异于忙中添乱，甚至有可能火上浇油。与其让局面变得更加糟糕不可控制，还不如坦然接受，并像鲁迅先生那样叹一声“由他去吧”，然后洒脱地转身走掉。

文学大家鲁迅说过许多话，其中的“由他去吧”是使用频率相当高的一句话。在他给李小峰的书信中，他说：“我到中山大学的本意，原不过是教书。然而有些青年大开其欢迎会。我知道不妙，所以首先第一回演说，就声明我不是什么‘战士’、‘革命家’。倘若是的，就应该在北京、厦门奋斗；但我躲到‘革命后方’的广州来了，这就是并非‘战士’的证据。不料主席的某先生说这是我太谦虚，就我过去的事实看来，确是一个战斗者，革命者。于是礼堂上噼噼啪啪一阵拍手，我的‘战士’便做定了。拍手之后，大家都已走散，再向谁去推辞？我只好咬着牙关，背了‘战士’的招牌走进房里去……没有法子，姑且由他去吧。”

世事变幻莫测，一个人的力量终究是有限的，因此很多事情都不是个人所能掌控的。鲁迅的这句话是一种叹息，其中包含着多少无奈。但凡事都有两面。换个角度来看，其实这句话也是说事物该怎样就怎样，任其自然、顺其发展，这未尝不是洒脱的一面！

朋友雅兰和老公是大学同学，毕业后两个人便走进了婚姻。因为双方家庭条件都不是很好，所以他们既无房，也无车，属于裸婚一族。不过雅兰对自己未来的生活充满了信心，因为她深信，凭着老公的聪明才干和自己的勤俭持家，两个人一起奋斗，一定能过上衣食无忧的生活。

经过十年打拼，雅兰和老公已经在市里买了属于自己的房屋和小轿车。但是雅兰却高兴不起来，因为她发现老公有了情人。她逼着老公与情人断了，老公虽然明着答应，暗地里却依然与情人来往。这让雅兰伤透了心。绝望透顶的雅兰决定出去旅游，趁机理一下自己的心绪。

一个月后，雅兰回来了。她递给老公的第一样东西就是已经签好名字的离婚协议书。所有人都劝阻她，让她不要把自己调教好的男人拱手让给别人。雅兰只是笑笑，她说："爱若去了，就由他去吧。只有放开手，我才能抓住下一个属于我的幸福。"

听说这两件事情后，我忍不住想起在著名主持人柴静的博客里，看见她曾经记录过这样一件事情。有一天，她父亲打电话告诉她，家族里的人决定把有三百多年历史的老宅院拆了卖掉。那个宅院是柴静小时候生活的地方，父亲问她有什么意见？显然父亲舍不得拆掉，柴静又何尝舍得那承载着她童年记忆和对家乡思念的房屋被拆掉。但是房子的产权属于十几户家庭，她没有那份财力，也无法阻止这件事情，她于是回答父亲说："由他去吧。就当是看历史，旁观好了。"

在茫茫人流穿梭的大千世界里，我们每个人就像蝼蚁一样，实在是太渺小了。有很多事情我们阻止不了它发生，有很多局面我们掌控不了，有很多人我们留不住。一个人倘若能够认识到自己的渺小，那么就会少许多纠结。

面对失去的爱情，我们除了不舍，还需要一份洒脱，因为我们要明白：爱你的人不会走，走的是不爱你的人。强扭的瓜总是不会甜的。与其强行摘下一个苦涩的生瓜蛋子丢掉，还不如像雅兰那样说一句："由他去吧。"然后撒手，让双方都去寻找各自的甜美。

面对无法操控的局面，我们要明白，自己只是一个平凡人，不具备无所不能的超能力。想要去纠正局面，无异于忙中添乱，甚至有可能火上浇油。与其让局面变得更加糟糕不可控制，还不如坦然接受，并像鲁迅先生那样叹一声"由他去吧"，然后洒脱地转身走掉。

在我们的生命中，除了失去的爱情和不可控制的局面，还有许多许多的事情是我们干预和强求不了的，譬如流逝的时光，可望不可即的事业。如果想要强求，只会伤了自己也伤了别人。我们唯一能做的便是狠狠心，说一句："由他去吧。"然后洒脱地放手。

第四辑

磨难是对灵魂深度的检验

你永远不是这个世界最不幸的人

当苦难降临时，我们总会觉得自己是这个世上最不幸的人，但我们从来没有想过："无论你觉得自己多么的不幸，永远有人比你更加不幸；无论你觉得多么的了不起，也永远有人比你更强。"

他天生下肢瘫痪。只有身子和双臂。父母告诉他，刚出生的时候，他畸形的模样吓坏了接生的护士。

5岁时，为了培养他的胆量，父亲把他和家里那条凶猛高大的狗一起关进了后院。临走时，父亲对他说："记着，你一定能行。"当那条狗恶狠狠地向他扑过来时，他吓得惊声尖叫。不过，当他知道必须自己独自面对的时候，他放弃了求救，而是一把揪住狗的尾巴，并用手指使劲捅狗屁股。当父亲打开后院门时，发现他骑坐在大狗背上，像是一个骄傲的骑士。

10岁那年，同班的一群同学把他双手绑起来，嘴上封上胶条，然后扔进一个垃圾箱。他恐惧极了，但是他不要死，他要活着，他想："我一定能行。"于是他拼命挣扎，一位路过的女老师发现了垃圾箱里的异常，并将他救了出来。

16岁那年，他进入高中学习。他再次成为同学们歧视的对象。一次上幻灯片课，他去上厕所。因为没有腿，他只能用手慢慢移动。可是在黑暗中他移动一步，都会感到钻心的疼痛。当他挪移到厕所门口的光亮处时才发现，自己的手掌上扎满了图钉。那一刻，他号啕大哭。哭完后，他想，我一定能行！他擦干眼泪，再次勇敢地出现在教室里。

17岁那年，他中学毕业，并把畸形的腿切除。他想要自食其力，于是趴在滑板上挨家挨户地去商店寻找工作。但是店主打开门，却根本发现不了趴在地上的他。他没有放弃，他想，我一定能行。这个信念支撑着他，终于，一位杂货店的老板聘用了他。在得知了他的经历后，许多人都听得热泪盈眶，从那以后，他走上了演讲大师的道路。

27岁那年，他认识了一个名叫里恩的女子，他对她一见钟情。但是，他明白，身体的残疾是他们之间遥不可及的距离。他想，她是不可能爱上他的。不过，他想，无论如何总是要试一试的，怀着“我一定能行”的信念，他开始追求她。终于，他的真诚感动了里恩，他赢得了爱情。

30岁那年，就在他与里恩准备幸福地踏进婚姻殿堂时，他被诊断患了睾丸癌并已经扩散。那一刻，他几乎疯掉了。当他清醒下来之后，他想，我不能放弃，我一定行。接下来的日子里，他阅读大量关于癌症的资料，几乎成了癌症咨询专家。半年后，他去复查，医生惊讶地发现他的癌症已经痊愈了。他的坚持，让命运之神终于向他露出了笑容。

他便是澳大利亚残疾人约翰·库缇斯。面对生命中的折磨和磨难，他每天都像战士一样，时刻鼓励着自己坚持下去。正是凭着坚定的信念，让他冲出残疾的阴霾，成长为一位世界顶级的演讲大师。

我们在一生中总会经历许多让人痛苦和沮丧的事情，孤独、病痛、恐惧。有很多人抗争不过去，便放弃了自己。每次遇到这样的人，我就想把约翰·库缇斯的人生说给他们听。他的一生都在和病痛、孤独、恐惧还有死亡做抗争，但是他一直没有放弃自己。他甚至乐观地说："这个世界充满了伤痛和苦难。有人在烦恼，有人在哭泣。面对命运，任何苦难都必须勇敢面对，如果赢了，就赢了；如果输了，就输了。一切皆有可能，所以永远不要对自己说不可能。"

当苦难降临时，我们总会觉得自己是这个世上最不幸的人，但我们从来没有想过："无论你觉得自己多么的不幸，永远有人比你更加不幸；无论你觉得多么的了不起，也永远有人比你更强。"正是怀着这样的信念，所以约翰·库缇斯从来不觉得自己是这个世界上最不幸的那个人。

无论面临什么磨难和障碍，他都会自己说"一定行"。他要用自己的生命去印证爱和信念的力量。看了约翰·库提斯的经历，你就会觉得什么苦难都不再是苦难了。因为他都可以做到，为什么我们不可以呢？如果他可以做到，那么我们也可以做到！请记住别对自己说不可能！

约翰·库缇斯有句话说得对，100 次摔倒，可以 101 次站起来；1000 次摔倒，可以 1001 次站起来。摔倒多少次没有关系，关键是最后你有没有站起来。

每个人的生命中都会经历磨炼

我们的生命中有些贵重的东西，经过提炼，熔化去杂质，生命中那贵重的矿石就会显露出来。那是一个永恒，那一刻，我们的生命将充满欢喜快乐！

小时候，最爱看着哥哥姐姐玩泥巴。看他们把泥巴摔打成一块块四方的土坯，然后捏成各式各样的东西。有锅、碗、勺，有手枪，有汽车，有小猫、小狗，还有人，形形色色的人。然后会把这些东西放起来阴干，因为在阳光下暴晒的话，它就会裂开一道道的缝隙，影响整件东西的美观。即使是这样，也不能保持太久的时间，只要沾上水，它就会弯曲、瓦解，然后又变成一堆泥。

那时候，我常常想，自己如果是一个窑匠该有多好，自己可以把亲手制作成的土坯物件放进温度可以达到 2700 度的炉里烧制。经过高温淬火，它们就会变成一件件散发着光亮，不怕高温，也不怕水的精美器物。

其实，咱们的生命又何尝不是一堆泥土，而我们自己就是那个窑匠。让我们把生命的泥土破开，用水使其软化并揉捏成团，然后用我们的手指和手掌巧妙操作，使器皿成型。在经过生活中各种经历的锤炼，揉捏，戳刺之后，我们的生命虽然会变得很硬，可是一旦遭遇重大的灾难和变故，我们的生命依然会崩溃、瓦解。所以，我们需要把自己的生命放进高温的炉火中淬火。

我们每个人的生命中都会经历这种火的磨炼：债务和婚变、衰败和紊乱、痛苦和死亡。那不是一种平静的，令人喜悦的经验。但是我们知道，我们的生命中有些贵重的东西，经过提炼，熔化去杂质，生命中那贵重的矿石就会显露出来。那是一个永恒，那一刻，我们的生命将充满欢喜快乐！

把你自己的生命打碎变成一堆泥，是做一个随时会被水瓦解掉的土坯，还是塑造成一个完美的瓷器，就得看你自己是不是一个高明的窑匠了。

苦难是一种激励你前进的动力能量

面对苦难的态度不同，结局也截然不同。积极的人面对苦难会激发出能量，从而一飞冲天。消极的人面对苦难会悲观哭泣，生命也因此萎靡，从此倒地不起。凡是成功的人，都经历了苦难，而他们都毫无例外地选择前者。正是因为没有对苦难妥协，他们才能最终在胜利面前点头微笑。

他是一名成绩优异的学生，但因发挥失常，连续两次都名落孙山。后来，他参加了乡镇企业的招工考试，以优异的成绩被录取，做了一名企业员工。如果没有后来的变故，他的人生或许就这样平平淡淡地走下去了。

在他 24 岁那年，他突然患上了一种在血液病中难以治疗的重病。医生断定他“休养得好大概可以活 10 年”。他不能工作，父亲下岗，家里断了经济来源，而且为了给他看病，仅仅两个月就欠债两三万。对于一个普通的农民家庭来说，这无疑是一笔不小的债务。一时间，他跌入了绝望的深渊。

有一天，他突然想明白了每条生命都会面临死亡，这是大自然的规律。我们唯一能做的便是在有限的时间释放自己生命的能量，而不是把它白白消耗掉。

他决定放手一搏，背水一战，于是用父亲四处筹来的2000块钱做起了化工。没有设备，就用水缸，没有锅炉，就用铁锅加柴火，没有搅拌机，就用人工替代。一年以后，他的化工厂不但还清了债务，而且还获得利润几十万，现在，他的集团总资产已经达到百亿元，在梦想面前，他奇迹般地战胜了病魔。

孟子曾经说："天将降大任于斯人也，必先苦其心志，劳其筋骨，饿其体肤，空乏其身，行拂乱其所为，所以动心忍性，增益其所不能。"也就是说，当你面临困苦和磨难的时候，不要绝望，而是要生起警觉心，这是命运为了增加你的才干而设置的障碍呢。只有通过这些障碍，你的性格才能变得坚定和执着，才能够有能力承担更大的责任。因为人们的苦难，往往会成为他们事业成功的基石。

面对苦难的态度不同，结局也截然不同。积极的人面对苦难会激发出能量，从而一飞冲天。消极的人面对苦难会悲观哭泣，生命也因此萎靡，从此倒地不起。凡是成功的人，都经历了苦难，而他们都毫无例外地选择前者。正是因为没有对苦难妥协，他们才能最终在胜利面前点头微笑。

苦难可以磨炼一个人的意志，当你身陷逆境的时候，一定要记住不抛弃，不放弃。生命赋予曲折和磨难中往往蕴藏着巨大的能量，这股能量化成激励你前进的动力，从而送你到成功的彼岸。

不经历涅　，怎有新生

所谓涅槃，在佛经中指的是一个生命经过一些过程以后进入另一个刚刚出生的新生命体内。传说中，凤凰每500年便要经历一次烈火的焚烧，在痛苦的煎熬中不断追求和提升自我，最终获得重生，并在重生中达到升华。

德国有一位老太太。在30岁之前，她只是一名普通女子，过着按部就班的生活。但在30岁那天，望着生日蜡烛跳跃的火焰，她忽然不想让自己的生命从此进入固定的模式，在一成不变的生活中老去。那一刻，她作出一个决定——学习自由体操，她要让自己的生命重新来过一次。得知她的决定，家人惊讶之余都纷纷反对。在一片足以把她湮没起来的反对声中，她勇敢而坚定地走进体育馆。

在经过最初的踢腿跑步、直立跳跃等简单训练后，教练要求她开始压胯。压胯的目的是为了增强髋关节的开放度和柔韧度，这是自由体操中最关键也是必须练好的一个环节。因为小孩的身姿柔软，比较容易打开开放度，所以体操运动员都是从小训练和培养。她已经是30

岁的人了，胳膊和腰肢早已变得坚硬笨拙，想要把身体练出柔韧度来谈何容易。

第一天压胯的时候，她像别的小运动员那样练习趴胯。她面对墙壁，叉开双腿慢慢往下蹲趴。随着身子一点点下坠，她只感觉腿上的韧带仿佛像要断掉一般，身体本能的抗拒像是一个无形的垫子横隔在她的屁股和地面之间，让她无法下坠半分。趴胯失败了。她蹲坐在训练场的角落里，看着周围的小运动员们收放自如地训练，那一刻她满心沮丧。

所有人都以为她会放弃，但第二天，她的身影再次出现在训练场里。这一次，她拜托教练帮她压胯，随着教练的力度，她感觉腿上的肌肉和骨骼仿佛被撕裂开来，巨大的痛楚让她的眼泪刷刷地掉了下来。

见此情景，教练忍不住松开手，试图劝她放弃。她只是摇摇头，擦干眼泪后她便再次请求教练帮她压胯。教练无奈地压上她的腿，将她的腰胯向后下方压。她闭着眼，咬着牙，清晰地感受被迫压胯的那股痛楚从腿上往身上蔓延，最后冲上脑袋，随后她感觉脑袋一片空白，竟痛得晕了过去。把两名比她要小许多的教练吓坏了。但苏醒过来的她没有退缩，而是选择了第二次、第三次地压胯……

虽然每次压胯的时候，那种钻心的疼痛都足以让她泪流满面；每次练习吊环、单双杠中的各种悬垂、摆动、回环、转动等动作时，手掌的皮肤磨起了泡、揭了皮，嫩肉与杠杆摩擦产生的疼痛都足以让人崩溃。但她却一直坚持了下来。她想，自己的极限还没有达到，她一定要坚持自己的梦想。凭着这股执着的精神信念所衍生出来的巨大力量，她练就了一副柔软的腰肢，最终学会了自由体操的各项动作，并多次在国家艺术体操比赛中获得冠军。

她就是德国的老太太约翰娜·奎阿斯。在德国科特布斯挑战者杯比赛现场，她完美地完成了自由体操中的倒立前滚翻、侧手翻、后滚翻和头手倒立等动作，在双杠上更是身体紧绷，同地面几乎平行，达到完全的水平状态。她惊艳的自由体操和轻盈优雅的双杠一下子轰动了全世界。而此时，她 86 岁，距离她学习体操已经 56 年。

所谓涅槃，在佛经中指的是一个生命经过一些过程以后进入另一个刚刚出生的新生命体内。传说中，凤凰每 500 年便要经历一次烈火的焚烧，在痛苦的煎熬中不断追求和提升自我，最终获得重生，并在重生中达到升华。当然，凤凰涅槃只是一种传说，但有一种鸟类真的会经历涅槃，这就是鹰。

鹰的年龄可长达七八十岁，因此它也是鸟类的长寿冠军。虽然鹰的寿命这么长，但很少有人知道，鹰在 30 岁的时候，爪子就已经开始老化，无法抓住猎物；而且它的喙变得又长又弯，无法啄吃食物，翅膀也变得沉重不堪。但鹰并没有向命运妥协，它躲到山顶或悬崖上，用喙打击岩石直到脱落，长出新喙后，它又用新喙把爪子上的指甲和翅膀上的羽毛全部拔掉。几个月以后，鹰长出新的指甲和羽毛，经历这场去毛蜕皮更新的过程，涅槃重生后的鹰才能以崭新的生命再活 40 年。

如果当初不选择坚持，鹰只能被活活饿死，根本不可能获得新生，也不会有后来崭新的 40 年的生命。如果当初不去追求自己的梦想，那么可想而知，约翰娜·奎阿斯的后半生必定会在平庸中度过，也许卧病在床、也许早已入土。但因为对梦想的坚持，她的生命便像是鹰一样，蜕变、更新，完成一番涅槃，一番涅槃之后，她获得了生命的新生！

从阻力中寻找生命的动力是实现梦想的另一条路

当我们的人生遇到困境时，不要逃避，不要退缩，我们唯一能做的便是把阻力化成动力，推动我们前行，一直走下去，就一定能够到达我们想要去的地方。

1816年的冬天，西门子公司的创始人恩斯特·维尔纳·西门子在德国汉诺威附近的一个农庄里呱呱落地，西门子的父母只是租地而种的农民，因此他念完中学后便因贫穷而面临辍学。在学期间，他便对科学和工程学表现出浓厚的兴趣，老师告诉他，普鲁士部队里面能够学习这两项科目，于是他便退学参军，进入了普鲁士部队。在部队里，除了每天必定的高强度训练，剩余的时间他全部用来学习工程技术。他的勤奋和才华很快便得到炮兵学院的赏识，他如愿以偿地进入了学院。在服役期间，他顺利地通过候补军官、军官和炮兵军官3次考试，从而由一名普通的士兵升职为一名炮兵军官。

1840年，西门子被调到一座小城里任职，与此同时，德籍俄国物理学家雅可比通过直流电从硫酸铜溶液中得到了金属铜沉淀的实验成果更鼓舞了他，并坚定了他对科学研究的信念。身为一名军官，管理士兵、防务事宜等事情占去了他很多精力，但他一直没有放弃对科学研究的追求。

就在西门子对科学研究充满信心的时候，一场意外的牢狱之灾降临在他身上。他的一位好朋友与别人决斗，请他去做决斗助手。部队上明文禁止士兵们决斗，但碍于情谊，他还是答应了朋友的请求。事后，被人告发，他锒铛入狱，被军事法庭判处5年监禁。他不但被免去军官职务，也无法进行科学研究。

对于职务的罢免，西门子不以为然，但是不能进行科学研究，却让他寝食难安。他向监狱长申请继续自己的科学研究，幸运的是监狱长答应了他的请求，还在化学品商店给他买来许多从事电学研究所必需的原材料，这让他喜出望外，他把自己的牢房布置成了一个小小的实验室，每天废寝忘食地进行一个又一个实验。

早在未入狱之前，西门子便用次亚酸钠溶解过那些不溶解的金盐和银盐，现在他把这种溶解应用到电解实验中。他把一把锌白铜茶匙同电池的锌极连接起来，浸到一个盛满了次亚硫酸金溶液的杯子里，同时将电池的铜极与一个作为阴极的金币连接。

结果奇迹出现了，几分钟后，那把锌白铜茶匙披上了一层光彩夺目的纯金外衣！随后，西门子又用银盐溶液进行试验，结果又使一件小金属器皿穿上了银装。在这所逼仄的牢房里，他的电镀金银实验成功了，那一刻，他欣喜若狂。

后来，他还发明了绝缘电线和发报机，并创建了世界上最大的电报公司。从牢房里诞生的发明家，到后来成为一名成功的商人，贫穷和牢狱之灾不但没有毁灭西门子，反而成就了他。

西门子的经历告诉我们，没有谁的生命是一帆风顺的，更没有谁是天生的胜利者。每个人多多少少都会遇到挫折，而这些挫折每一个都有其存在的意义。如果人生中没有挫折和障碍，那么人生会因为没有障碍而变得轻浅。那样的人生还有什么意义呢！

但挫折又会给人很大的阻力。哲学家康德曾说："鸽子飞翔的时候，唯一的阻力来自于空气，但事实证明阻碍鸽子飞行的唯一因素也正是保证鸽子飞行的唯一条件。"在构成西门子成功的众多因素中，坚持是其中之一，阻力也是其中之一。

遇到阻力的时候，便也是考验自己的时候。怎么看待和处理阻力，决定你会有怎样的未来。有人遇到挫折，在阻力面前一蹶不振，从此跌倒再也没有站起来。有人遇到阻力，便止步不前，期盼着别人来帮忙，把所有的希望都寄托在外力上，这样的人虽然永远抱有希望，但却也永远不可能站起来。

还有一种人把挫折当成礼物，像鸽子那样从阻力中寻找生命的动力，他们始终坚信自己才是生命的主人，坚信自己生命的动力便是战胜这一个个的挫折。西门子的成功便说明这个道理：在逆境中的成功，不是靠运气，而是靠努力，拿出勇气做自己想做的事情，用尽一切办法去打破自我的和外在的所有障碍。只要这样坚持下去，就能成为你自己梦想中的人。

当我们的人生遇到困境时，不要逃避，不要退缩，我们唯一能做的便是把阻力化成动力，推动我们前行，一直走下去，就一定能够到达我们想要去的地方。

每一个挫折都孕育着奇迹的种子

培根说，一切幸福都并非没有烦恼，而一切的逆境也绝非没有希望，超越自然的奇迹多是在对逆境的征服中出现的。也就是说，每一次的挫折和不利的突变，都是一颗孕育奇迹的种子，一旦这颗种子生根发芽，便会开出奇迹的花。

她曾经是一个健康的女孩，做所有女孩子做过的梦。她也爱看书，尤其是史铁生的书。

在她 19 岁那年的一次放学回家途中，她被一辆汽车撞倒，后脑勺重重地硌在石块上，当时她便昏迷了过去。等她抢救过来以后，得知自己颈椎第二至第七关节粉碎性骨折，锁骨以下完全失去了知觉，从此全身瘫痪，大小便失禁。这一刻她清楚地知道自己成了高位截瘫患者。

这样的打击让她无法承受，本来五彩斑斓的世界在一瞬间也变得漆黑冰冷。她的天塌了，绝望的她万念俱灰，想要一死了之。她连续三次自杀想要结束自己悲惨的命运，却都被家人们一次次地救了过来。第三次救过来以后，母亲搂着她哭道："娃，不是你的错，求你不要再惩罚自己了。"

"您不是我，您永远不会明白我承受的痛苦。现在对于我来说，"她叹了一口气，念诵起史铁生在《来到人间》中的一句话："死是一件很容易的事，倒是生要严峻得多。"

"我怎么会不知道。"母亲抹了抹眼泪，"妈妈多么想要给你一个美好的世界啊。但是妈妈做不到，妈妈真笨妈妈真笨……孩子，你忘记了吗？史铁生还说过另外一句话，'死是一件无须着急去做的事，是一件无论怎样耽搁也不会错过了的事，一个必然会降临的节日。'你何必那么急急忙忙地要选择去死。你的身体残缺了，可是你还有妈妈啊。"母亲的哭声割碎了她的心。望着心力交瘁的母亲，她突然明白自己不止是在惩罚自己，也是在惩罚自己的亲人。

为了母亲不再难过和担心，她决定振作起来。她开始练习用嘴写字，但是，想要用嘴写好字谈何容易！钢笔把嘴戳烂，常常疼得她张不开嘴。而她每次想要放弃的时候，便会想起母亲那句话，于是又会鼓足勇气继续练字。史铁生是幸运的，有母亲的爱陪他走过人生最黑暗的路口。而她也是幸运的，因为她也有一个深深爱她的母亲。母亲的爱一直支撑着她前行。

在经历过一次次失败之后，她终于找到了窍门，经过 5 年的艰苦训练，她练就了一口漂亮的楷体字。她并没有就此沾沾自喜，而是又开始了新的目标——写作投稿。功夫不负有心人，她的稿子开始见诸各大报纸杂志。她的文章都是积极向上的内容，以至于所有人都以为她在顺境中生活着。直到有一天，某家报纸邀请她写专栏。采访她时才发现她的真实情况，一时间，编辑震撼了。消息传出去后，很多人都被她勇敢坚强的精神所打动，电台热线还邀请她做了电台姐姐，专门和听众谈心，她也一直用自己的事例激励着那些失落伤感的人们。

培根说，一切幸福都并非没有烦恼，而一切的逆境也绝非没有希望，超越自然的奇迹多是在对逆境的征服中出现的。也就是说，每一次的挫折和不利的突变，都是一颗孕育奇迹的种子，一旦这颗种子生根发芽，便会开出奇迹的花。史铁生是如此，她也是如此。

人生在世，谁都希望自己的生活一帆风顺，充满快乐。可是哪里有一帆风顺的人生，多多少少都带着痛苦和失败的。命运是一个调皮的小孩，他会给每个生命都制造困难、麻烦和挫折。只有承受了这些痛苦，战胜了这些困难，人才能成长起来。

困难并不可怕，因为它一直以来都是欺软怕硬的，你越是畏惧它，它就越是恐吓你，威胁你，直到你崩溃为止。但如果你坚强起来，不把它放在眼里，它反而对你恭顺至极。

坚强不是说你有多大的实力，而是你要有顽强的毅力，因为顽强的毅力可以征服世界上任何一座高峰。有了顽强的毅力，哪怕你只是一个一无所有的人，在困难和挫折中也能够练出强大的实力来。因为困难与折磨对于人来说，是一把打向坯料的锤，打掉的应是脆弱的铁屑，锻成的将是锋利的钢刀。

只要你懂得了这些，再遇见各种挫折，就一定会明白，挫折不是惩罚，而是淬炼我们的铁锤。我们要做的便是在挫折中磨炼和奋起，就像巴尔扎克说的那样："挫折就像一块石头，对于弱者来说是绊脚石，让你却步不前；而对于强者来说却是垫脚石，使你站得更高。"而所有你为挫折所付出的努力，迟早都会有报酬的。

自信就是把自卑转化成一种积极力量

你在做一件事情之前，要拿出勇气来，坚信自己可以做好。在事情进行中，你要不断给自己心理暗示：“我能做好，我一定能成功。”“别人行，我也一定行。”经常这样给自己心理暗示，同时用回忆自己做好的事情来鼓励自己，长期做这样的训练，就会在自己心里播下自信的种子。

奥地利的精神病学家阿尔弗雷德·阿德勒博士曾经也是一个很自卑的人。他生下来便体弱多病，直到4岁才学会走路。他患有严重的佝偻病，不但双腿佝偻，也无法进行激烈的体育活动。他有一个体格健壮、学习优秀的哥哥，与哥哥比起来，阿德勒就像是一只丑小鸭。身体上的缺陷导致他自卑不已，既不愿意和哥哥在一起，也不愿意参加小伙伴们的任何游戏。

幸运的是，阿德勒有一个耐心的父亲。他的父亲既是一名成功的犹太商人，也是一个细心的父亲。他一直关注着这个有着严重自卑情绪的儿子，看他抗拒与小朋友们在一起，父亲对他说：“孩子，你必须要明白，你的缺陷不是你的一生。你不要被眼前的困境束缚住自己。”父亲的爱和鼓励赋予了他上进心，他开始大胆地与小伙伴们在一起，而且在每次游戏中，他都要努力去超越他哥哥。小伙伴和哥哥的赞誉让他感到快乐和自信。

他家居住在郊区，通往学校的小路上要经过一座公墓。每次过公墓的时候，别的同学都毫不在意，而他却很害怕，每走一步都觉得心惊胆战。他为自己比别人胆小而苦恼。一天，他决心要克服这种怕死的恐惧。他想出一个办法来，在放学时，他故意落在别的同学后面。等所有的同学都走过去之后，他才踏上那条小路，到了公墓，他把书包放在公墓墙壁附近的草地上，然后多次地来回穿过公墓，直到他感到克服了恐惧为止。

上初中时，阿德勒因为数学不好被老师当成差等生，这让他在学校里受尽了歧视。老师甚至建议他的父亲让他退学去做一名制鞋的工人，这对阿德勒来说是一种羞辱。但是他并没有自暴自弃，而是把这种羞辱当成前进的动力，督促他努力学习，很快他的数学便有了很人的进步。在一次数学比赛上，老师拿着一道数学题一筹莫展，而他却轻而易举便解开了这道题，从那时起，老师再也不敢看轻他。

从一个有着严重缺陷的自卑儿童，蜕变成一个举世闻名的精神病学家，他始终坚信这一条：“人的潜力是没有局限的，更不是天生注定的。不能被眼前的困境束缚住自己，要始终坚信，你的缺陷不是你的一生！”

其实，自卑感不是先天因素弱的人才有。后来成为心理学先驱的阿德勒博士一直致力于个体心理研究。经过多次研究论证，他认为每个人都有不同程度的自卑感，因为没有一个人对其现时的地位感到满意，对优越感的追求是所有人的通性。阿德勒博士将之称为自卑情结。

自卑，是大部分人性格上的一种缺陷，这种缺陷让我们时常感到沮丧，如果不善加诱导和控制，将会导致沉默寡言甚至自暴自弃。自卑是一种软弱的表现。有自卑感的人认为自己无论天赋还是环境都不及别人，所以会轻视自己。长时间自卑的话，就是被这个念头搞得精疲力竭，万念俱灰，甚至悲观厌世。

只要把心态调整好，自卑是可以慢慢纠正的。你在做一件事情之前，要拿出勇气来，坚信自己可以做好。在事情进行中，你要不断给自己心理暗示："我能做好，我一定能成功。""别人行，我也一定行。"经常这样给自己心理暗示，同时用回忆自己做好的事情来鼓励自己，长期做这样的训练，就会在自己心里播下自信的种子。

把自卑转化成一种积极的力量，并不是一件难事。阿尔弗雷德·阿德勒博士的成长历程告诉我们：为生活设定一个目标，为了去适应这个目标，会奋力去改变和完善自己，从而最终实现超越。

积极情绪能化痛苦为幸福

关于幸福，泰勒·本-沙哈尔说：“一个幸福的人，必须有一个明确的、可以带来快乐和意义的目标，然后努力地去追求。真正快乐的人，会在自己觉得有意义的生活方式里，享受它的点点滴滴。”

英国哲学家大卫·休谟曾说过：“人类刻苦勤勉的终点就是获得幸福，因此才有了艺术创作、科学发明、法律制定，以及社会的变革。”为了获得幸福，我们设定目标，为了完成这份目标而整日忙忙碌碌，这一切都只为获得目标成功后的喜悦。不过，我们很快便会发现，成功的喜悦只是一刹那，然后便会重归虚无，想要让这份喜悦感更持久一点，我们不得不设定一个又一个的目标。到最后我们会发现，这种只注重结果，却无暇体验过程的方式可以让我们越来越富有，并不能让我们获得持续而稳定的幸福。

在泰勒·本-沙哈尔博士著写的《幸福的方法》一书中，他告诉我们：人类的终极目标只有一个——幸福。他通过自身的经历与感受，以严谨的思维，切实可行的科学方法告诉我们，幸福的定义和通往幸福的方法。幸福有三个成分：意义、快乐和投入。想要获得幸福，我们必须要明白幸福是什么？“幸福就是快乐和意义的结合”。当你设定一个目标，并为之不断自我完善与自我实现，而在这个过程中，时刻感受到快乐，这就是幸福。

泰勒·本-沙哈尔博士毕业于哈佛大学，拥有心理学硕士、哲学和组织行为学博士学位。在他人生的前30年中，他设定了一个个的目标，然后去逐步完成它们，但他却感觉自己并不快乐。每一次成功的喜悦都是暂时的，随后便陷入无边的空虚中，他停下来问自己“为什么”。为了寻求答案，他选学了哲学和心理学，在他毕业的时候，他的哲学老师对他说：“生命很短暂，在选择道路前，先确定自己能做的事。其中，做那些你想做的。然后再细化，找出你真正想做的。最后，对于那些真正想做的事，付诸行动。”这句话让他明白了幸福的不是结果，而是过程。

当今社会节奏快，导致人们压力增大，且不说寻常人，光哈佛大学里面，就有许多人有心理疾患，他们每天只是不停地追求，却体验不到丝毫的幸福。为了让更多人从幸福的误区和盲区走出来，泰勒·本－沙哈尔于是在哈佛大学里开设了“积极心理学”和“领袖心理学”，他告诉大家：“要做一个幸福的人，必须要有一个明确的可以带来快乐和意义的目标，这样，在追求这个意义而快乐的目标时，我们才会感觉自己不只是在消磨光阴，而是在让时间闪闪发光。”他的理念在哈佛大学引起了前所未有的轰动，被哈佛学生们推选为最受欢迎率排名第一和第三的课程。许多同学反映：每次上完课，自己都迈着春天般的脚步走出教室。他们肯定地说这两门课程“改变了他们的一生”。

关于幸福，泰勒·本－沙哈尔说：“一个幸福的人，必须有一个明确的、可以带来快乐和意义的目标，然后努力地去追求。真正快乐的人，会在自己觉得有意义的生活方式里，享受它的点点滴滴。”

他这句话不但告诉我们幸福的定义，还告诉我们获得幸福的窍门：“遵从你内心的热情、接受全部的自己、简化生活、学会表达感激和爱。”如果日常生活中能够做到这几点，我们便能从中获得积极的情绪，从而淡化痛苦，快乐感和幸福感也就由此延伸并持久。

只有迎难而上，才能看到光明的未来

有很多人扛不住这些重负，选择自杀；还有一些人怕孩子将来也会承受这些重负，甚至狠心地带着孩子一起走上不归路。他们之所以会这样做，就是因为他们在重负下看不到希望，便以为此生都没有了出路。

我是骑行到一个河边，看到那个小女孩的。

当时，她正蹲在河边的石板上洗衣服。她把一张湿漉漉的床单平摊在石块上，仔细看过去，那床单上赫然有一大摊污秽物，而一股怪异的臭味也随着风儿从那边飘向下风头，我被熏得掩住口鼻。谁知那女孩却不以为然，她转身从盆里取出一把刷子，认认真真地刷起床单来。

她先把床单上的污秽物清刷干净，再撒上一些洗衣粉，接着很用力地刷洗那床单上的污渍。刷洗干净后，她又放进水里清洗了好几遍。最后她把床单放在鼻端仔细闻了闻，脸上露出一个笑容，这才把床单摊开晾晒在芦苇上。

晾好床单后，女孩并没有马上走掉，而是上岸拿着盆沿着河岸向上游走去。望着在微风中飘舞的床单，我忍不住想再看一看这个女孩。但过了十多分钟，依然不见女孩回来，我有些好奇地抬眼朝那个方向看过去，却被芦苇挡住了视线，我索性推着车子跟了过去。

到了上游，我才发现上游原来是一条小溪。那女孩正猫腰在小溪里逮鱼，她的盆放在岸边，我低头看向盆里，想不到一会儿的工夫，里面竟已有了半盆鱼儿，我不由惊叹道："哇，这么多鱼，你真厉害。"

"这儿的鱼很多，很轻易就能捉住的。"女孩笑着向我解释，"我妈妈喜欢吃鱼，所以捉来给妈妈吃。"

女孩的话让我心里一软，现在的孩子都是想着自己的多，很少有惦念着父母的，而这个女孩却常常来给母亲捉鱼吃，看来这孩子不但懂事，还孝顺。想起刚才她刷洗的衣物，我好奇地问，是不是她爷爷或是奶奶的床单，我想只有家有瘫痪在床的老人才会弄脏被褥吧。

谁知女孩的笑容从嘴角隐去，好一会儿，她才闷声说，是她妈妈的床单。女孩告诉我，她是家里的独苗，父亲很早就去世了，只留下她和妈妈相依为命。

为了养家，也为了攒钱供她上大学，她的妈妈每天都要去给人做工挣钱，好在妈妈还年轻，挣的钱虽然不多，但也足够家里花销。说到这儿，女孩的眼里闪过一丝光芒，不过很快便黯淡下来。原来半年前的一次车祸导致母亲高位截瘫，从此便瘫痪在床。

照顾母亲的事情落在女孩稚嫩的肩膀上。周末还好些，只是上学的时候便无法周全了。只能任由母亲弄脏床单，回家后她再给母亲清洗，每次看她清洗脏污，母亲总会心酸落泪。为了不让母亲难过，她便端着衣物来河边清洗，这样既可以洗干净衣物，还可以趁机捉些鱼儿回家给母亲炖鱼汤。女孩说着笑起来。她的笑容尚有几分稚气，但其中却夹杂着一份对生活的担当。

当城里的同龄人在为学习、为玩乐而烦恼的时候，这个女孩却已经承担起生活的重担，真是了不起，不过女孩的遭遇也让我很揪心，我担心这个稚嫩的肩膀迟早会被生活的重担压倒。对于我的疑虑，女孩只是淡然地摇摇头。

“我也曾经绝望过的。不过后来看见这些鱼儿，我忽然明白了一个道理。”她指着小溪里的鱼儿让我看，只见小溪里有许多鱼儿向水的上游游去。不过前面有一段水流很急，所以鱼儿几次都被冲下来。但是那些鱼儿却并不退缩，依然坚持不懈地向上游。“在困难面前，小鱼儿都有这么大的勇气。我是一个人，怎么还能不如一条小鱼呢?”女孩大声说着，端起盆迈开大步走远了去。

女孩的话让我豁然开朗，虽然我还是会为她心疼，但我相信，她的人生不会绝望。因为她有一份迎难而上的心态，就像那些逆水而上的鱼儿，在经过艰难的跋涉后，她一定会收获一份坚强，而这份坚强会陪她一起抵挡岁月中所有的磨难。

在生活中，虽然我们不至于像小女孩这么不幸，要面对父亲早逝、母亲高位截瘫的困顿现状，但我们也会有各种重担需要担负。租房的随时会面临退房，买房的要偿还高额的房贷，在外打拼的牵挂家里父母的康健，学生要面对千军万马过独木桥的考试，为人父母的要负担孩子高昂的教育费。这些重负每一件都很沉重，但不是官二代、富二代的我们却要把每一件都扛在肩上。可想而知，压力有多大。

有很多人扛不住这些重负，选择自杀；还有一些人怕孩子将来也会承受这些重负，甚至狠心地带着孩子一起走上不归路。他们之所以会这样做，就是因为他们在重负下看不到希望，便以为此生都没有了出路。这些人是不会得到同情和怜悯的，因为他们没有小女孩那种迎难而上的心态，更不具备鱼儿逆水而上的精神。

他们不懂得，一只小小的鱼儿要顶着激烈的水流回溯，需要拼尽全身的力气。要被水冲回下游多少次，才能逆水成功。但就是这样艰辛，它们也没有放弃。因为鱼儿们知道，如果不迎难而上，就只能在绝望中死去，最后绝种。但迎难而上，它们将能获得延续生命，获得崭新生命力的机会。

从小老师就教育我们，不要遇到一点困难就叫苦不迭，就一蹶不振，要迎难而上。人总是要担负重担，要经历坎坷的。面对重负和坎坷，我们只有迎难而上，才能看到光明的未来。

磨难是对灵魂深度的检验

无可否认，我们的生命是美好的，但是伴随这份美好的还会有各种挫折和苦难，这是构成我们生命的整体。我们要想获得幸福，必须先经过苦难的洗礼。有人向苦难妥协，但同时幸福也疏远了他。有人把生命的磨难看成是对灵魂深度的检验，他们凭借自己生命的韧性和顽强去努力地活着，最终超越苦难，活得丰富圆满。

著名的中国台湾口足画家谢坤山永远无法忘记 16 岁那年的那一天。在工厂上班的时候，他手里拿着的钢管触碰到阳台上的高压线，顿时火花四溅，一阵爆响之后，他被电成了一个“炭人”。是母亲苦苦哀求，医生们才没有放弃救治他。

但等他从昏迷中苏醒过来，才发现自己的两只胳膊和一条腿都没有了。那一刻，他的世界坍塌了。受不了这种没有希望的折磨，他想到了自尽。但他知道是母亲给了他第二次生命，他没有权利放弃。

他研制出许多自助用品，终于能够自理所有的日常生活。为了让生命活得更有意义，他开始学习绘画——这是他最喜欢的科目。

但是没有双手，想要学画画谈何容易！他练习用嘴咬住笔写字绘画，嘴被铅笔戳出一个个血泡，口腔里溃疡不断，但是，他依然没有放弃。就在他如饥似渴学习的时候，在一次意外中，他失去了右眼。当所有人都担心他会撑不下去的时候，他却说："人生是一场牌局，虽然我的牌很烂，但就算战到一兵一卒，我都要坚持下去。"

谢坤山说："能够来到这个世界，不是我们自己所能够操纵和左右的，没有谁可以选择，也没有谁可以拒绝，这是生命赐予我们的恩宠。然而，面对悠远绵长的岁月，我们的生命是那样的短促，宛如白驹过隙，也如昙花一现。在这个短暂的过程中，处处充满了惊险和变数。面对各种坎坷、挫折甚至灾难，我们却能够好好地活着，这本身就是一种奇迹和不可思议。"

但是偏偏有很多人不明白这个道理。当人与人之间的钩心斗角、奸诈虚伪远远超出他们的承受范围时，他们会困惑、无奈、彷徨、迷惘和绝望；会因为生活中出现的磨难而埋怨人生绊脚石太多，狠狠地咒骂命运的崎岖和坎坷，在抱怨中从此消沉下去，一蹶不振，极端的人甚至会放弃自己的生命。

即使那些为了家，为了年迈的父母和稚嫩的子女不得不撑下去的人，在他们眼里，生命没有半点快乐可言，只是苟延残喘，不得已而为之。这不得不让人为他们浪费如此短暂而美妙的生命扼腕叹息！

不管你是否察觉，生命都一直在不停地消逝中。人生也不可能再来一次，失去的便永远不再有。生命是如此的短暂易逝，活着已经是很幸福的事情。

毕淑敏曾经说过："当我们一无所有的时候，我们能够说，我很幸福，因我们还有健康的身体。当我们不再享有健康的时候，我们也很幸福，因为我们还有一颗健康的心；当我们连心都不存在的时候，我们依然可以大声说：我很幸福，因为我曾经生活过。"

的确，活着就是幸福的，无论经历多么大的痛苦与悲伤、遭遇多么大的挫折和失意。因为我们活着，就有希望，所以，我们有什么理由不快乐呢？

我们要明白，神的右手是慈爱，左手却是磨难。无可否认，我们的生命是美好的，但是伴随这份美好的还会有各种挫折和苦难，这是构成我们生命的整体。我们要想获得幸福，必须先经过苦难的洗礼。有人向苦难妥协，但同时幸福也疏远了他。有人把生命的磨难看成是对灵魂深度的检验，他们凭借自己生命的韧性和顽强去努力地活着。最终超越苦难，活得丰富圆满。

恰如谢坤山说的那样，生命就是一场牌局。在这场牌局里，抓了一副好牌当然好，但是万一要是抓了一副坏牌，虽然不喜欢却也不能要赖不出牌。唯一能做的便是镇静下来，用心去出牌，才有可能把这手坏牌打好，打出精彩。

你不直面苦难，就得接受失败

世界上每天都在发生各种灾难，有很多人会莫名其妙地遭受无妄之灾。或丧命，或身体残缺。很多人无法接受这个现实，他们不愿意直面已经降临的苦难，只是自怨自艾自己是失败的人，残缺的身体让他们永远也没有翻牌的机会了。这样的念头导致他们终日沉沦在悲伤中无法自拔，最终郁郁而终。

不知从什么时候开始，集市上多了一个修鞋的摊儿，摊主是一位大约 30 岁的男子。

每天去集市上买菜，我总会绕道去看一看那个鞋匠。他总是端端正正地坐在椅子上，面前放着一台补鞋的机器，有活儿的时候，他就会俯首认真干活儿，没有活儿的时候，他就抬头看过往的行人，偶尔看见熟人，他就会热情地和人打招呼，他嘴角始终噙着一丝淡淡的笑，让人心生好感。

我注意到他的时候，是在今年的夏天。那天，小雪新买的衣服拉链坏掉了，我决定拿去让他修好。他的摊位在集口很显眼的位置，一台修鞋机，一辆电三轮，一把绿色的遮阳大伞，便是他所有的行当。

我去的时候，他正好忙完手里的活儿。他笑道："没事，只要五分钟就可以修好。你稍等。"说完，他拍了拍双腿，然后接过衣服。我这才注意他的腿上竟然搭着一条毯子，这让我很是惊讶，要知道现在可是三伏天，人们坐在屋里都热得不停流汗，而他却依然搭着毛毯。"你不热吗?"我指了指他腿上的毛毯。他摇了摇头，掀开腿上的毛毯说："我怎么会怕热呢？你看。"

望着他半截空荡荡的裤管，我怔住了。好半天，我才喃喃道："对，对不起……"

"我没事，只要没有吓着你就好。"他看了我一眼，然后轻轻把毛毯盖好。

在攀谈中我才知道，他本来是学校的体育健将，但是在一次过马路时，为了救一个横过马路的小朋友而发生车祸，这场车祸带走了他的双腿，从此他便只能在轮椅上度过一生。说起这些的时候，他的脸上一直带着温和的笑容，根本看不出丝毫的悲伤和痛苦。

他练习用双手将自己支撑起来，练习拄拐走路。无法上学，他开始琢磨未来的出路，他不想成为父母的负担，他要凭着自己的能力生活下去。

经过不懈的努力，他终于学得了这门修鞋的技艺。现在他已经是这条街上手艺最好的一个鞋匠，所有人的鞋有了问题，都愿意拿到他这儿来修补。

他的话在我耳边一直萦绕不绝："日子还是要过的，抱怨有什么用呢？面对命运的苦难，我只能选择勇敢面对。不然，我就得接受失败，然后自行毁灭。”因为这个信念，他一直勇敢而快乐地生活着。

世界上每天都在发生各种灾难，有很多人会莫名其妙地遭受无妄之灾。或丧命，或身体残缺。很多人无法接受这个现实，他们不愿意直面已经降临的苦难，只是自怨自艾自己是失败的人，残缺的身体让他们永远也没有翻牌的机会了。这样的念头导致他们终日沉沦在悲伤中无法自拔，最终郁郁而终。

但也有一部分人像鞋匠这样，绝不承认自己会败在厄运之下，他们直面苦难，积极地生活。这样的人虽不至于大富大贵，但也能安然从容地生活下去。这也该算得上是生命的勇士。凡是敢于直面苦难的人，都是生命的勇士。

痛苦是成长的源泉和动力

德里克·林曾说："我们每个人都拥有真正的力量，这份力量就在自己手里。我们必须深刻地意识到，我们最终负责创建自己的现实，我们最终的权柄便是制伏自己的命运。我们神圣的任务是在生活中学习如何行使明智的主权。"

蚌病成珠，是说珍珠是蚌本身的痛苦孕育而成的。当有沙子钻进蚌体内的时候，蚌的身体便会发生病变。痛苦的蚌为了疗伤，便不断地分泌出一种黏液，把疼痛的地方和沙子一起包裹起来。在这个过程中，蚌需要不断地承受这种痛苦，但是它并没有放弃。等到伤好之后，那沙子和黏液便成了价值连城的珍珠。

而华人移民女孩李丹便经历过蚌病成珠的蜕变。在她 8 岁那年，母亲不堪忍受家暴和父亲离婚，小小年纪的她变成了单亲家庭的孩子。后来，母亲与一名美国男子再婚，谁知继父依然是一个家庭暴力者，她每天生活在恐吓与威胁之中。再后来，继父被政府收监判刑，本以为母女两个可以安心度日，但天有不测风云，在一次车祸中，母亲丧失了劳动能力，命运再次把灾难降临到她的头上。

不过这样的经历并没有让她气馁、厌世，她积极顽强地生活着。她每天除了把学习搞好，便是出去做兼职供养母亲。而且在闲暇的时候，她还会积极地参加社区活动，她的坚强和爱心感动了身边的每一个人。最终她凭借自己坚韧的性格和永不言弃的精神，顺利地考上了哈佛大学。

哈佛大学还有另一个学生莉兹·默里，她的遭遇比李丹还要不堪。

莉兹·默里是一个“80后”的美国普通女孩，因为父母双双吸毒感染艾滋病，她小小年纪就沦为无家可归的乞儿。但这个女孩并没有放弃人生的希望，她用自己的力量向命运挑战。

在莉兹·默里三四岁的时候，她便目睹父母天天吸毒，并将所有救济金用来购买海洛因和可卡因。她后来说：“我知道，爸爸妈妈一起享受着一些奇怪的嗜好，但他们都躲躲藏藏，不让我看。”吸毒的父母为了筹措毒资，偷走了她准备过生日用的零钱。为了过一把毒瘾，他们变卖了家里所有值钱的东西。有一年，母亲甚至将教会送给他们的一只火鸡卖掉，去买毒品。在莉兹·默里15岁时，母亲得了艾滋病，不久便撒手人寰。她的父亲也很快去世，同样是死于艾滋病。可怜的莉兹·默里和姐姐从此成了无家可归的孤儿。

眼看着母亲死于艾滋病，莉兹·默里决定要掌控她自己的命运，她坚信只有通过努力学习才能改变自己的命运，所以在经过几年流浪后，她回到高中拼命学习知识。经常在完成她的功课以后已经是深夜，而她没有家，只有站在地铁里或是窝在商场的走廊上睡觉。本是四年的高中课程被坚毅不屈的莉兹·默里压缩成两年，她用自己顽强的信念和不懈的力量向命运挑战，最后成功踏入哈佛大学。

莉兹·默里的事迹感动了许多人，她获得了克里斯托弗奖、无所畏惧奖，美国前总统克林顿和英国前首相布莱尔都曾接见过她。如今莉兹·默里的主要工作是给青少年做演说，告诉孩子们如何抵制毒品的诱惑，激励他们不要被困难吓倒，不要把儿童时期的苦难当作自己随波逐流的借口。

德里克·林曾说："我们每个人都拥有真正的力量，这份力量就在自己手里。我们必须深刻地意识到，我们最终负责创建自己的现实，我们最终的权柄便是制伏自己的命运。我们神圣的任务是在生活中学习如何行使明智的主权。"李丹和莉兹·默里面对生命赋予的苦难，她们没有畏缩和屈服，而是正确而勇敢地去面对这些苦难，不断地提高自己的承受能力，她们的人生最终散发出珍珠般耀眼的光芒。她们的经历告诉我们，在苦难面前，当你没有选择，那么你就需要自己努力去改变它。只有攥紧拳头，迸发出我们体内蕴藏的力量，才能制伏我们的命运。

其实，蚌病成珠的例子自古皆有。周文王被囚禁后演绎《周易》，把《周易》的八卦推演为六十四卦；孔子曾周游列国宣扬自己的学说而得不到认可，在穷困不堪时退而著书，最终写出了《春秋》；屈原放逐，乃赋《离骚》；左丘失明，厥有《国语》；孙子膑脚，《兵法》修列；不韦迁蜀，世传《吕览》；韩非囚秦，《说难》《孤愤》。司马迁说："大氐贤圣发愤之所为作也!"这与蚌病成珠恰恰是一个道理。

我们的生活中不可能一帆风顺，每个人都会经历这样或那样的痛苦。有人说"苦难是人生的一笔财富。"当你把痛苦变成成长的源泉和动力，那么就必定能够得到提升和超越，这样的人生最终才有可能获得成功。

只要你有坚定的信念，就没有永远驱不走的痛苦

生命只是一个过程，出生是起点，死亡是终点。迟早都会达到终点，我们又何苦那么着急地结束旅程。好好感受生命给我们的一切，快乐的让它放松我们的心情，痛苦的让它磨砺我们的意志。等到将来生命到达终点，我们回首，看到这段旅途中我们没有留下遗憾和后悔，就是最成功的人生。

在美国“9·11 事件”中，有两位美籍华人同时失去了他们的儿子。其中一位居住在布鲁克林 15 街，自从失去儿子以后，她无法承受这种锥心之痛，整个人的精神全部垮掉了。因为每天沉浸在痛苦中，她的身体状况也每况愈下，终于卧床不起。另一位失去儿子的是居住在布鲁克林 17 街的岑娇娴，在恐怖事件发生时，她的儿子曾喆本来平安无事，但是他却不顾个人安危，冲到现场去帮助抢救伤员，却不幸遇难。

失去儿子的曾妈妈陷入巨大的悲痛中。不过，她很快从消沉中站立起来。她想：“失去了一个亲人，我的心很痛，不过，儿子的死也

让我明白生命无常。既然生命不是我们自己能够控制的，那么我们就不应该白白浪费掉活着的每一天，应该做对自己、对集体都有利的事情。”正是这种信念支撑她开始自救。她每天把自己的时间都排得满满的，不让悲伤和消沉有机可乘。她担任老人活动中心合唱团的团长，帮助老人们摆脱孤单，寻找快乐；还志愿成为社区老人活动中心的义工，她在帮助别人的同时也帮助了自己，让自己能更快地忘记伤痛。

“摆在我面前的只有两条路：一条是跟他走，一条是活下来。”她说，“如果要选择活下来的话，哭也是一天，笑也是一天，我不希望自己沉浸在痛苦的回忆中。我活着不光是为了我自己，还要为身边的亲友着想，包括我的大儿子、兄弟姐妹和朋友，我不希望他们为我担心，假如我的身体垮了，不仅累了自己，还会让身边的亲人遭罪。”

同样是在 10 年前，安徽的农妇袁娥也被命运逼到了绝路。只不过与岑娇娴的不同之处在于，命运把岑娇娴逼进了精神绝域，而它却把袁娥逼到了生存的绝境。

10 年前，家在农村的袁娥和丈夫老陈相亲相爱，还有两个正在上初中的可爱儿子，小日子过得也有滋有味。殊不知，人有旦夕祸福，一次下地干活时，老陈开着手扶拖拉机翻了车，拖拉机重重地砸在腰上，导致老陈脊柱神经受伤，最终成了一名高位截瘫病人。那一刻，袁娥的天塌了。

老陈瘫了，家里断了经济来源。望着瘫痪在床的丈夫和两个儿子，袁娥心力交瘁，生活的磨难和困窘像是一条白绫，紧紧地勒在她的脖子上，让她窒息到喘不过气来。她甚至想到了死，不过最终袁娥选择了自救。

她把丈夫委托给亲友照顾，自己去往深圳。她每天晚睡早起，奔波在城市的每个角落捡废品。她把辛辛苦苦挣来的钱全部邮回家，用作全家的生活费和儿子的学费。为了照顾好瘫痪的丈夫，她又把一家人全部接到深圳，简单安置。

在她的坚持和勤奋努力下，大儿子考上了海南医学院，并攻读了研究生。二儿子则在一家单位上班。虽然命运把袁娥逼进了生存的绝境，但袁娥没有被命运打趴下，她凭着自己的坚毅和顽强给家人和生命开凿了一条希望之路。

还记得无臂钢琴大师刘伟的那句精彩名言："我的人生中只有两条路，要么赶紧死，要么精彩地活着。"对于岑娇娴和袁娥来说，困顿的生命也给了他们两条路，一条是绝望地死去，一条是坚强而精彩地活着。她们都选择了后者，也正是因为选择了后者，她们才会有 10 年后的今天。

朋友，当你面临生命的困窘和绝境时，你会选择哪一条路，是绝望地死去，还是坚强地活下来？死去，意味着生命从此终止，再也没有翻盘的机会。而且选择死去，虽然痛苦是没有了，但却也证明你向命运低下了头，人来世上的机会只有一次，就这样低头认输退出，真是太可惜。但如果坚强地活下去，总有一天你能走出痛苦，重拾生命的美好和充实。

生命只是一个过程，出生是起点，死亡是终点。迟早都会达到终点，我们又何苦那么着急地结束旅程。好好感受生命给我们的一切，快乐的让它放松我们的心情，痛苦的让它磨砺我们的意志。等到将来生命到达终点，我们回首，看到这段旅途中我们没有留下遗憾和后悔，就是最成功的人生。

人生百态，人生百味，也就是说，生命本就是由快乐、悲伤、幸福、痛苦交替构成的，苦辣酸甜全部都要尝到才是人生。快乐和幸福来敲门，我们拍手欢迎，痛苦和厄运突然降临，我们也不要绝望。没有品尝过哪一种滋味，我们的生命都不是完整的，都不会圆满。

这个世界没有绝对的东西。相对论对于咱们的生命同样适用：即使你再懂得珍惜，也没有一直拥有的幸福；只要你有坚定的信念，就没有永远驱不走的痛苦。

能战胜生命厄运的人，都是优秀的人

世界一直那么美好，但我们的生命却总是会遭遇到各种磨难，我们唯一能做的便是扼住命运的喉咙，让它臣服于我们。要相信，别人能做到的事情，自己也一定能做到。

海伦·凯勒在1岁多的时候，一场疾病让她双目失明，双耳失聪，从此，她便坠入无光、无声、无语的盲聋哑世界中。但是，她没有自暴自弃，而是以自强不息的顽强毅力，学完所有的课程，并且考上哈佛大学德克利夫学院，最终成为一名盲聋女作家、教育家、慈善家、社会活动家。创造出一个震惊全世界的奇迹。

对于脆弱的生命，海伦·凯勒也曾发出质疑："很多时候，我设想自己明天就会死去，当死神即将到来的时刻，我们要做些什么事，要历经什么遭遇，会有什么想法？回首往昔，我们又能想到哪些是快乐，哪些是悔恨？"

思索之后，她得出答案："也许当一个人像明天就要死去那样过好活着的每一天，是一种不错的生存法则。这样的人生态度强调了生命存在的价值。我们应当以善良自知、满怀希望之心去迎接生活的挑战！”正是凭借着不屈不挠的坚毅精神以及对生命的感悟，海伦·凯勒跨越盲聋的身体障碍与折磨，掌握了英、法、德等五国语言，完成了她的一系列著作，并致力于为残疾人造福，建立慈善机构，成为强者的永恒象征。

海伦以自己独特的视角，告诫人们要珍惜造物主赐予的一切。她用文字叙述她传奇的经历，她用自己独特的感受，向读者展现了一派生机盎然的景象：葱绿的田野，美丽的花儿，气势雄伟的瀑布以及枝头上小鸟的鸣叫声。字里行间透着一股淡然而浩大的气息。她积极向上的文字让人感觉生命是那么美好。

马克·吐温曾经说过：“19 世纪有两个奇人，一个是拿破仑，一个就是海伦·凯勒。”但在我看来，其实优秀的人何止这两个？只要能战胜生命厄运的人，都是优秀的人。

世界一直那么美好，但我们的生命却总是会遭遇到各种磨难，我们唯一能做的便是扼住命运的喉咙，让它臣服于我们。要相信，别人能做到的事情，自己也一定能做到。

相信吧，快乐的日子就会到来

苦难，是一所大学，它能教会你许多经验，将你的意志磨砺得顽强。没有遭遇苦难的人，他就没有抵抗不幸的能力，生活稍有波折，他就会惊慌失措，痛苦不堪。经历了苦难的人，即使泰山崩于顶也不会慌张的，因为他知道，苦难也就这么回事，没什么可怕的。

其实，我们每个人的生命中，都会遭遇到各种各样的烦恼和挫折。命运的色彩除了明亮，也有晦暗。当命运的大手把我们推到苦难的岸边，我们是选择妥协放弃还是奋起超越？

著名作家史铁生在青春正茂之际，一场大病突然降临，他失去了行走的能力，终生被囚禁在轮椅上。那一刻，他崩溃了。突如其来的苦难让他想要结束自己的生命。幸亏他的母亲寸步不离地守着他，鼓励他，给了他与病魔作斗争的勇气。在与病魔抗争的过程中，他承受了许多常人难以想象的苦难，截瘫，肾脏萎缩，每周两到三次的肾脏透析，他的身体就像是一台出现状况的汽车，发动机和轮子都坏了，维持身体的运行让他苦不堪言。

但史铁生没有向命运妥协。虽然他沮丧过，绝望过，甚至还想要放弃过。但最终他选择了面对苦难，接纳苦难，超越苦难。不能行走，他便退一步，改用文字铺成一条条通往坚韧和光明的路，让读者们随着他的思想做一次次壮丽而辉煌的精神旅行。

还记得儿时最朗朗上口的诗句是俄国诗人普希金的一首诗："假如生活欺骗了你，不要忧郁，也不要愤慨！不顺心的时候暂且容忍：相信吧，快乐的日子就会到来。"在生活中遭遇苦难时，忧郁和愤慨除了消耗掉生命的积极性之外，没有丝毫意义可言，所以不要也罢。

苦难，是一所大学，它能教会你许多经验，将你的意志磨砺得顽强。没有遭遇苦难的人，他就没有抵抗不幸的能力，生活稍有波折，他就会惊慌失措，痛苦不堪。经历了苦难的人，即使泰山崩于顶也不会慌张的，因为他知道，苦难也就这么回事，没什么可怕的。

英国著名小说家毛姆曾说过："一个人要是跌进水里，他游泳得好不好是无关紧要的，反正他得挣扎出去，否则就会被淹死。"一个人跌落在苦难的河里，四周漆黑一片，没有光明，没有伙伴，要么沉沦河底，成为历史；要么与苦难和解，接受它并超越它，创造历史。

第五辑

你一定会看到你的坚持所创造的价值

你永远没有重新来选择一次的机会

要知道，鱼和熊掌不可兼得，孰轻孰重一定要弄清楚。好高骛远是选择中的大忌。汪国真的诗歌中有一句话说得很好："如果你是鱼，不要迷恋天空；如果你是鸟，不要痴情海洋。"俗话说："开弓没有回头箭。"其实许多时候，选择也是如此，一旦选择了便不能回头。

夏宁宁在一家有名的房地产公司上班，她工作表现好，因此颇得上级领导赏识，在3年时间里，她已经提拔为部门经理。就在宁宁的工作风生水起之时，她在国外工作的男朋友打来电话，要她去国外生活。是留在公司继续工作，还是去国外做一名全职家庭主妇，这是人生中一次重大的选择，宁宁心中充满了迷茫和彷徨。

其实，我们的生活中随时都会面临选择。小时候选择什么样的伙伴，什么样的学校，长大后选择什么样的伴侣，什么样的职业，以及什么样的生活方式。我们常常在选择中挣扎，选择热闹，便会失去清静；选择忙碌，便会失去清闲；选择攀附，便会失去宁静。选择对了，我们的人生便会充满快乐和喜悦，选择错了，即使得到成功，我们的内心也得不到充实。选择，是一个取舍的过程，也是一件容易让人纠结的事情。

说到这里，便想起前些天和朋友聚会时，有人出了一道有趣的选择题："如果上帝摆在你面前两样东西：美貌、智慧。而你只能选择其中的一个，请问你会选哪一个？"奇怪的是，男士们都异口同声地选择了美貌。而女士们则都贪心到两者皆要。

无论是我的女性朋友们的贪心，还是夏宁宁的纠结，都说明选择是一个既美好又痛苦的过程。在所选择的二者中，常常矛盾丛生。要知道，鱼和熊掌不可兼得，孰轻孰重一定要弄清楚。好高骛远是选择中的大忌。汪国真的诗歌中有一句话说得很好："如果你是鱼，不要迷恋天空；如果你是鸟，不要痴情海洋。"俗话说："开弓没有回头箭。"其实许多时候，选择也是如此，一旦选择了便不能回头。

事业上选择艰难，爱情亦是如此。有的年轻人喜欢把自己所拥有的恋人和别人相比，然后选择那个外在条件好的，但是等多年以后回头再看，才会明白外在条件好的并不一定适合自己。这时候想要再重新来选择一次，却已经是不可能的事情了。

选择是一件不容易的事情，选择得好坏与正确与否更是一种能力和心态的表现。如果你有足够的认知度和良好的心态，你便能综合自身以及环境的因素，做出正确的选择，反之亦然。而在这其中，一个豁达的胸襟与良好的心态是做出正确选择的关键。只有当我们从外在的攀附中走出去，在平和中，才有能力做出判断，从而做出正确的选择。

成功的秘诀只是坚持和永不放弃而已

成功不是将来才会有的，当你决定去做的那一刻起，你就已经向成功迈出了一大步。接下来的路，就是你一心一意地把每一件事情做好，这些事情持续积累起来的尽头，就是成功。

段小磊从小对 IT（信息技术）行业便充满了向往，最大的梦想便是做一名像史蒂夫·乔布斯那样的 IT 职业经理人。但考试的时候，却因为种种原因被师范学院录取。虽然报考的院校离自己的梦想背道而驰，但他并没有妥协。他想，现实无论多么不尽如人意，但自己都不能放弃，一定要努力往前走。他在努力学好本科的同时，还参加了计算机和工商管理的学习。当别的同学都在谈恋爱打游戏的时候，他在看书学习。经过艰苦努力，毕业时，他拿到了计算机和工商管理的双学位。

他以为有了学历便可以进军 IT 行业，于是，怀揣着自己的梦想，段小磊从老家来到北京。但北京人才济济，一个没有任何实践经验的新人想要进去谈何容易，无数次的应聘都以失败告终。很快，父母给他的钱花光了。父母打来电话劝他放弃，朋友也纷纷劝他回头，但他却只是摇头，他想，人总是会遇到很多很多的困难，最好的办法便是去解决它，这一种不行，还有下一种，下一种不行，还有再下一种。

为了先养活自己，他决定把自己放得低一些。恰好腾讯公司招聘保安，他便报名并顺利地当上了一名保安。为了不让父母担心，他并没有告诉父母这件事情。虽然做了一名保安，但他并没有放弃自己最初的梦想。他在房间的墙上贴上自己要做的事情，每天看到都会提醒自己要坚持。

他为人热心真诚，很快便与公司里的 IT 工作人员成为好朋友。他发现，虽然自己拥有双学位，但比起这些久经网络的 IT 精英，自己依然懂得那么少，还有许多东西需要学习。于是，他每天除了工作，剩下的时间全部用来看计算机科学类书，朗读英语。

他的勤奋好学给公司里的人留下颇深的印象，一次，研究院急需一批外聘员工。他便辞去保安的工作，应聘做数据标注工作。由于他的勤奋好学，掌握了大量的计算机知识，他轻而易举地便通过了面试环节，成功进入了 IT 行业。

段小磊的事迹被媒体争相报道，记者问他成就梦想的秘诀是什么？他说，我没有什么秘诀，我只是坚持和永不放弃而已。正是这两点，成就了他的梦想。

丘吉尔说过，成功的秘诀有两个：第一是坚持到底，永不放弃；第二个就是当你想放弃的时候，请回过头再照着第一个秘诀去做。段小磊正是按照这两个秘诀去做，从而获得成功的。放眼看去，哪一个成功人士的成功宝典上没有这两条呢?

成功不是将来才会有的，当你决定去做的那一刻起，你就已经向成功迈出了一大步。接下来的路，就是你一心一意地把每一件事情做好，这些事情持续积累起来的尽头，就是成功。

做好每一件事情，说起来容易，但真要做起来却是很有难度的，否则成功也太容易了。在通往成功的路上，每一件事情都可能是一次障碍，一次难度，做好的概率小，失败的概率大。不要失败就沮丧，就放弃，那样你永远也登不上成功的顶峰。你要做的就是积累失败的经验，修正它，直到不再失败为止。

有的人将一件事情做好，只需要一次，有的人需要一百次，或是一千次。无论多少次都没有关系。只要你的信念在，只要你不断地改进修正，那么迟早你都会把事情做好，最终成功的。要知道，史泰龙在应聘演员的时候，还被拒绝了1800多次呢，如果没有永不放弃的坚持，又哪里有好莱坞著名的影星史泰龙!

上帝关上所有的窗，只是为了给你开一扇门

有时候，上帝关上所有的窗，只是为了给你开一扇门。沉不住气的人总是过早地下结论，但精彩往往在最后的时候才会显露出来。

在2014年1月的一天，一个目光呆滞的少年走进《最强大脑》的演播室，他沉默寡言，就连自己名叫“周玮”都几乎说不清楚。看到他这样，观众席上的人们都窃窃私语起来，甚至可以听到有人嘀咕“智障”之类的话，一时间，气氛有些凝滞。

主持人仿佛看到大家的疑问，他请周玮坐到书桌边，然后说出“16位数字开14次方”这道超级复杂的计算题。这道被所有人看来都极为复杂的数学题，周玮却只用了一分钟时间便心算出正确的答案来，令观众们简直难以置信。因为他们虽然身为大学生或是硕士、博士，都做不到一分钟就能得出这道题的答案。一个智力低下的少年却做到了，他们不禁怀疑起节目的真实性来。但很快他们的怀疑便被扫除了，因为主持人又随意开出两道比“16位数字开14次方”更加复杂的计算题，都被周玮用不到一分钟的时间便答出来了。

随着这些超难度计算题被周玮一一解开，他完美的天才呈现震惊了所有人。如果不是亲眼所见，他们怎么也不会相信，一个智力有问题的少年却能有超常的数学运算能力，这太出人意料了。大家纷纷赞叹不已。

面对众人的惊叹和赞美，周玮母亲忍不住热泪盈眶，儿子终于证明了自己不是一个“脑残”，她等这一天等太久了。

周玮刚生下来的时候，是一个健康聪明的孩子。但几个月后，他的身体却出现了异常。父母带着他去医院检查被告知，他智力发育比正常儿童都要低下，他们无法接受这个检查结果，带着他去往各地的大医院寻求治疗，但结果都不理想。

因为智力低下，他受到很多的嘲笑。不过那时候他小，而且智力发展缓慢，所以别人异样的目光对他的伤害远远不如父母受到的伤害大。

随着年龄一天天长大，周玮到了上学的年纪。但村学校却拒绝了他上学的要求。后来经过父母再三央求，学校同意他做一名旁听生，可是因为他长相呆滞和智力低下，同学们都不愿意搭理他。

因为实在无法忍受同学和老师的嘲讽和排斥，周玮最终辍学在家。周玮虽然智力迟缓，但他从小就喜欢数学书，于是父母给他借来数学书。他每天都看算术，后来他发现家里有一个计算器可以做算术，从此摁计算器便成了周玮最大的乐趣。他日复一日地算着算术题，也就在这些被外界封闭的时间里，他的数学天分被触摸与唤醒了。

后来周玮母亲带他去做检测时，专家发现他智力低下却具有数学天分，都觉得不可思议，于是给他做了一个脑电检测和分析。他们发现周玮在运算过程中，本该执行这一工作的前额额叶很安静，反而是外侧裂下的颞叶被激活。由此，他们得出这样的结论：他的智力低下源于脑部受损。但他又喜欢运算，于是在长期运算过程中，大脑在加工时把数字转换成了另外一种模式，使用了另外一种规则，从而大大提高了运算速度。

周玮因为智力受损而遭到周围人的排斥和放弃，最终不得不回家与社会隔绝。上帝虽然创造了他，但却关上了他世界里所有的窗户。从此，周玮的世界陷入黑暗，他看不到一点光明，只能一个人在黑暗的角落沉默。但他在被遗忘的角落里激发出超乎寻常的速算能力，他凭借一己之力推开了数学的大门，从而绽放出异彩。

有时候，上帝关上所有的窗，只是为了给你开一扇门。沉不住气的人总是过早地下结论，但精彩往往在最后的时候才会显露出来。

亨利·海涅说："每一个人就是一个世界。这个世界是随他而生，随他而灭的，每一块墓碑下面，都躺着一部整个世界的历史。"无论这个人是智力超群，还是智力发展迟缓，他都拥有自己的一个世界。

每个人的世界都有失败，也有精彩。不要过早地自我骄傲，小时了了，大未必佳的例子有太多太多。也不要过早地自我否定，在日常生活方面，或许你不如别人，那是生命在积蓄力量，让将来的你在某一个领域里大放光芒呢！

有了梦想后，你只需全力以赴

要做到全力以赴，需要有一个过程：首先要给自己不停灌输一个理念：事情不关大小，都要保持全神贯注的态度。灌输理念的过程也是给自己树立信心的过程，有了信心，自然就会全力以赴去奋斗，而在全力以赴的努力奋斗中，人的心中又会继续强化信心，并树立起坚定的信念。坚定的信念又是保证全力以赴的基石。

亚奇是一名女子网球手，从 12 岁开始训练网球时，她就梦想着自己能够站在美网赛的赛场上与那些顶级高手一决胜负。为了实现这个梦想，她努力训练着。辛勤刻苦让球技提高很快，但她知道这还不够，她还需要再努力拼搏，才能有实现梦想的机会。于是，亚奇训练得更加刻苦。

在 18 岁那年，她击败一个又一个的对手，赢得了参加美网联赛的资格。那一刻，她欣喜若狂。不过，亚奇很快沮丧起来。因为她在晋级时将要面对的对手是前冠军佐娃，这可不是一般的网球手。亚奇知道，佐娃的球技既灵活又凶猛，几乎没有人能够打赢她。要面对这么强大有力的对手，亚奇的自信仿佛都突然消失了。

她觉得实力深厚的佐娃就是一个庞大的巨人，而自己在她面前就像个小孩一样单薄弱小，根本无法与之抗衡。巨大的不安几乎将亚奇湮没，终于在一天早晨，无法承受压力的她悄悄离开了下榻的酒店。她漫无目的地在大街上游走，街上虽然人来人往，但她的脑子里却全是网球比赛的事情，想到自己做了逃兵，这让她很痛苦。她决定去酒吧喝一杯，缓解一下沮丧的情绪。

因为是清晨，所以酒吧里还没有客人光顾，店员正百无聊赖地摁着遥控器，挂在墙上的电视不停地转换画面。看到亚奇，店员把遥控器放下，然后转身给她倒了一杯酒。等他再抬头看向电视时，突然发出一声惊呼，把精神恍惚的亚奇吓了一跳。店员指向电视。顺着他的手指看过去，亚奇也忍不住惊呼起来。

只见电视上，一条蟒蛇与一头黑斑羚羊正对峙着。那条蟒蛇虽然很长，但比起面前的羚羊，却显得很势单力薄，因为这头羚羊的体型实在是太庞大了。

亚奇想，羚羊个子那么大，只要一脚就可以把蟒蛇踩死，所以她觉得羚羊会赢。但她发现，羚羊多次想要袭击蟒蛇都被它滑溜溜地躲开。在几个回合后，蟒蛇用身体缠住了羚羊。羚羊使劲挣扎，蟒蛇不但不松开，反而越缠越紧。最后，羚羊竟被蟒蛇缠死了。

视频到此还没有完，只见蟒蛇向羚羊张开了嘴，它竟想要吞下这个比它的身体要大很多倍的猎物。那条蟒蛇的头只有拳头大，谁知它的嘴慢慢张开，竟然轻易就把羚羊的头吞到嘴里。而且随着一点点把羚羊往嘴里吞咽，它的嘴也越来越大，整只羚羊很快就被它吞入腹中。

亚奇被这个景象惊呆住了。她难以置信地嚷嚷着："怎么会这样，它竟然打败并吃掉了羚羊！怎么可能，它可是没有咀嚼和撕裂食物的功能的啊。"

店员听了她的话笑了，他说："你一定从来没有看到过蛇，所以不了解它。虽然蛇的身体结构让它受到很多局限，不过它会用尽全力，所以它才能战胜比它强的对手……"

店员的最后一句话如重锤一样击打在亚奇的心上，她付了酒钱，急匆匆地回到了比赛场上。在比赛中，她摒弃杂念，用尽全力去迎战。最终，亚奇战胜佐娃，赢得了比赛的胜利。

有人采访她时，她提到蟒蛇战胜羚羊的事情，"我当时想，'我和佐娃不就是一个弱者和一个强者嘛，本来我是没有胜算的，但如果我能够用尽全力，或许也能像蟒蛇那样战胜对手呢！'"亚奇亲吻了一下奖杯，说："事实证明，像蟒蛇那样用尽全力是正确的。"

日常生活中的我们何尝不像亚奇那样，虽然已经有了明确的目标，但却没有足够的自信。因此在机遇面前，事先就给自己设定一个很糟糕的结果，并被这个假设吓倒，从而变得忐忑不安。沮丧的自己一心想要逃避，却忘了只有全力以赴，梦想才能起飞。

"生活是不公平的，不管你的境遇如何，你只能全力以赴。"正是怀着这样的信念，霍金才从一个全身瘫痪、不能发音的肌肉萎缩性侧索硬化症患者，成长为世界著名的物理学家。英雄就是对任何事情自始至终都心无旁骛，全力以赴的人。

我们平时常说“认准目标，你就去拼命做”，就是指无论做任何事，都要有全神贯注的态度和全力以赴的热诚。只要做到这两点，就没有不成功的。但事实上，因为“知易行难”的定律，所以很多人道理都懂，却很难做得到。

要做到全力以赴，需要有一个过程：首先要给自己不停灌输一个理念：事情不关大小，都要保持全神贯注的态度。灌输理念的过程也是给自己树立信心的过程，有了信心，自然就会全力以赴去奋斗，而在全力以赴的努力奋斗中，人的心中又会继续强化信心，并树立起坚定的信念。坚定的信念又是保证全力以赴的基石。

一个人只有将他全部的力量和精神用来做一件事情，他才能精通这件事情，精通了这件事情，你便是这件事情上的成功者。

或许你会以为全力以赴的话，就会很累，很辛苦，没有快乐，也就没有幸福可言。这样的观点是错误的。获得幸福的秘诀，并不在于为了追求快乐而全力以赴，而是在全力以赴中得到快乐。这才是最幸福的。

在一个人的一生中，如果没有一样东西能使他有全力以赴的念头，那么他的人生是很可怜的。但在一个人的一生中，有了值得他全力以赴的事情，他却没有全力以赴去做，那么他的人生将会在遗憾中度过。

只要脊梁不弯，就没有扛不起的山

我们的生活总是埋藏着这样或那样的危机，它们像是潜伏在暗处的猛兽，随时都有可能冲出来给我们制造出各种各样的麻烦和困难。面对危机时，我们没有不痛苦的，但痛苦又能解决什么问题呢！其实危机并不可怕，可怕的是我们对于现状没有信心。有了信心，就没有不能面对的困难。只要脊梁不弯，就没有扛不起的山。

一日在网上看到一个帖子：在某个凌晨，一户人家发生火灾。火灾发生时，男主人有事外出未在家，家里只有母子两个人。大火烧得木头爆裂，发出噼噼啪啪的响声，惊醒了附近的邻居。邻居看到烟雾腾腾，赶忙一边救火，一边给男主人打电话。

男主人接到电话时简直都要急疯了，他开着车往家赶，脑子里全是各种悲惨不幸的场面。等他赶到家，看到自己的家已经被烧得面目全非，只剩一片狼藉。多年的心血化为一炬，男主人忍不住掉泪。但当他看到站在废墟边的妻儿平安无事时，他一扫悲痛和伤心，欣喜地抱着妻儿笑了起来，然后还拥着妻儿在废墟前拍了一张微笑着的照片。

有人问他家都被烧光了，还怎么笑得出来？他说："人平安比什么都强，身外之物没有就没有了，事情即已如此，悲伤有什么用，而且他们都平安无事，我难道不该微笑吗。"

同日，在河南省的安阳市，一名11岁的小女孩被一辆满载货物重约40吨的挂车卷入车轮下，她的腿被车轮死死压住，血流了一地，失血过多导致小女孩脸色苍白，生命垂危。人们连忙报了警并叫来救护车。当警察和救护人员赶到车祸现场时，他们惊奇地发现，女孩并没有号啕大哭。她用手将头发向后捋了捋，笑了笑，非常镇定地对救护人员说："叔叔们，救救我吧。"

小女孩被成功救出后，右腿进行了截肢手术。当她苏醒后，有人问她当时为什么能够做到那么坚强？小女孩说："出车祸的时候，我也很恐惧。但是已经如此了，我哭又能有什么用。我笑的话，叔叔们就会安心救我啊。"

罗兰说："每个人心中都应该有两盏灯，一盏是希望的灯光，一盏是勇气的灯光。有了这两盏灯，我们就不怕海上的黑暗和风涛的凶险。"因家人还活着，房子被烧的男主人心中就有希望；因为知道恐惧对救助自己无济于事，所以小女孩选择勇敢。有了这些选择，无论生命发生什么，他们都能够乐观面对。

我们的生活总是埋藏着这样或那样的危机，它们像是潜伏在暗处的猛兽，随时都有可能冲出来给我们制造出各种各样的麻烦和困难。面对危机时，我们没有不痛苦的，但痛苦又能解决什么问题呢！其实危机并不可怕，可怕的是我们对于现状没有信心。有了信心，就没有不能面对的困难。只要脊梁不弯，就没有扛不起的山。

当身陷厄境时，我们是低落消沉，还是坚强地接受它们？我想最好的答案便是：与其悲伤，不如微笑！幸运并非没有许多的恐惧与烦恼；厄运也并非没有许多的安慰与希望。必须体验过痛苦的人，才能体会到生的快乐。

对明天的希望，能够驱走所有的悲伤

当生活剥夺走你所拥有的时，但你还活着，就不要沮丧，也不要绝望。要相信，黑夜无论怎样悠长，白昼总会到来。死亡是最大的祸害，因为它断绝了一切希望。只要有生命，就有希望。而且你只能心怀希望，因为希望是不幸者唯一的药。对明天的希望，能够驱走所有的悲伤。

在 32 岁前，俄罗斯男人谢尔盖·布拉科夫一直在南部城市塔甘罗格市平安健康地生活着。他像每个俄罗斯男人一样，喝着伏尔加酒，唱着歌曲，在冰天雪地里率性而为。那时候的布拉科夫无论如何也想不到，在以后的人生中，命运给他安排了什么样的磨难。

在一次出门远行时，布拉科夫遭遇严重的车祸，他当场昏迷过去。经过医生的抢救，他从鬼门关转了一圈又回到人世间。但命虽然保住了，他的双手和双臂却必须切除，他成了一个没有四肢的残疾人。

但布拉科夫始终对生活抱有希望。他没有自暴自弃，而是选择积极地配合医生做治疗。身体的伤口好了以后，他却发现自己根本无法去做如吃饭穿衣之类的最简单的事情。布拉科夫没有意志消沉，在医生的建议下，他戴上人工假臂和人工假腿，一次次的训练伴着撕心裂肺的疼痛，他都咬牙坚持着，终于他能够自如地用假肢掌控自己的身体了。

“怀揣希望就能战胜一切困难。”布拉科夫经历了人生最大的磨难后明白了这一点，他于是作出了更大胆的决定：他要参加马拉松比赛。经过艰苦训练，布拉科夫出现在纽约的马拉松赛场上。他戴着假肢出现在赛场上，并凭自己的毅力跑完全程。

希望给了布拉科夫莫大的信心。他在人生路上也越来越勇敢。马拉松比赛结束后，他又报名参加了游泳比赛和跑步竞赛，经过不懈努力，他也获得了不菲的成绩。

成功挑战自己的布拉科夫决定要飞上天空，他开始练习用假肢驾驶滑翔机。但假肢走路只是简单的动作，而要操纵机器却需要假肢灵活的配合，有时候滑翔机刚起飞，但一个失误便会跌落下来。布拉科夫常常被摔得狼狈不堪，甚至有几次都发生了危险。家人都劝他放弃，但布拉科夫却坚信自己能够成功。一次不行再来一次，如此反复……

经过不懈努力，他终于学会了驾驶航行器的技巧。当他驾驶一架机动化的悬挂式滑翔机飞上天空的那一瞬间，所有关注他的人都感受到心怀希望所迸发出的巨大力量。他的坚强感动了所有人，世人称赞他为“行星男人”。却没有人知道他的坚强全是来自他对明天始终抱有希望。正是希望带给了他重生的曙光。

希望是每个人都拥有的一种情愫，即使是一文不名的乞丐和失去四肢的伤残者，心底都有希望。因为没有希望的话，贫困、病痛、厄运等一切人类的疾苦和悲惨的遭遇就会让人无法忍受。

当生活剥夺走你所拥有的时，但你还活着，就不要沮丧，也不要绝望。要相信，黑夜无论怎样悠长，白昼总会到来。死亡是最大的祸害，因为它断绝了一切希望。只要有生命，就有希望。而且你只能心怀希望，因为希望是不幸者唯一的药。对明天的希望，能够驱走所有的悲伤。

希望是崭新的意志和强大的勇气，强烈的希望能够激发出人所有的潜能。在生活中，无论你遇到什么，都应该抱有极大的希望，并以热情和毅力来开拓自己的希望。

当你沮丧绝望的时候，就像布拉科夫那样吧，怀揣希望，奔向生命的曙光。忍耐是行囊，希望是拐杖，携带着它们，你就会冲出黑暗，走向光明的明天。

唯一可以倚仗的就是我们的定见

无论我们看多少成功人士的传记，当我们要走自己的路时，总会发现原来没有模式可以遵循，唯一可以倚仗的就是我们的定见。只有当我们拥有了明确的见解和主张，才能在这个纷繁复杂的世界中擦亮双眼，探寻出未来的方向，找出适合我们走下去的路。因为未来是萌芽于现实生活这个温床之上的，所以预测未来最好的办法便是立足于现实生活。

最早看到“定见”这个词，是在沙汀的书中。在他的长篇小说《困兽记》中有这样一句话：“她并不泼辣，实际倒是一个没有定见的柔弱的人。”那时候小，尚不明白这个词的具体含义。后来看朱自清在《背影》的序中说：“我自己是没有什么定见的，只当时觉着要怎样写，便怎样写了。”便明白了所谓“定见”，其实就是指明确的见解和主张。一个人如果有了定见，他就会在这个纷繁复杂的世界探寻出自己未来的方向。

明确的见解和主张包含两层含义，一是心态，二是倾向和习惯。

一个人的心态，是他过去倾向和习惯的积累，反过来说，他有怎样的倾向和习惯，也可以重新铸造他的心态。定见是一种坚持，在低落失意的时候，我们要坚守信念，努力冲出人生低谷；在辉煌的时刻，我们要坚守自己的信仰，不会因为风光无限而迷失自己。

美国人约翰·奈斯比特曾经说过："一个事件中的无数片段，构成了事实的完整面貌，但片段之间不会主动相互联结。因此，假如我们把这些组成事件的片段放到一起，以一定的方法让它们合理的联结，才能拼接出这个事件未来的走向和面貌。"其实，把这段话中的"事件"换成"人的一生"也完全说得通。我们从小到大会经历很多人或事，这些经历乍一看上去各自独立，像是无数个不相干的片段，但如果我们探寻背后的根源，会发现其实这些片段都相互联结，而这些经历联结在一起便是我们的人生。

当我们看一个成功人士时，一般都是先看到他（她）的人生成就，然后再往前看他（她）成功之前的经历，从而可以客观地分析和懂得这个人成功的原因，并在这个过程中有所收获。无论我们看多少成功人士的传记，当我们要走自己的路时，总会发现原来没有模式可以遵循，唯一可以倚仗的就是我们自己的定见。只有当我们拥有了明确的见解和主张，才能在这个纷繁复杂的世界中擦亮双眼，探寻出未来的方向，找出适合我们走下去的路。因为未来是萌芽于现实生活这个温床之上的，所以预测未来最好的办法便是立足于现实生活。

一个拥有定见的人，是一个坚持自己主张的人，也是一个收获快乐的人，但往往有很多人在人生路上走着走着就忘记了自己最初的目的。有很多人以为，生活的全部便是追求荣誉和财富，为了获得这些，他们不停地奔波，因此生活异常繁忙，有时候甚至会忙到忘记最初忙碌的初衷，只有那些坚持的人，才能收获与成长起来。不过，定见也不是一味地坚持不变。如果发现自己的坚持是错误的，那么及时修正就是最好的定见。

你一定会看到把梦想缩小到 *1* 厘米来实现

我们在奔向梦想的路上常常半途而废，有时是因为梦想太大，而不是我们没有那份潜力。如果我们把梦想缩小到 1 厘米，实现起来就容易得多。而每一个 1 厘米都是一个台阶，踩着这些台阶，我们才会稳稳地攀上梦想的高台。

1 厘米的高度，在我们看来，它是那么微不足道。但有人却正是在每次提升 1 厘米高度的过程中，保持并不断刷新着世界纪录，这个人就是乌克兰撑竿跳高运动员布勃卡。

9 岁开始练习撑竿跳的布勃卡经过勤奋和努力，在少年时期便展示出了极强的实力。20 岁时他在 1983 年田径世锦赛上获得金牌，在 1985 年的赛事上，他跳过 6 米的高度，首次超越人们认为不可逾越的高度，从而引起了全世界的震惊。他也由此获得了“空中飞人”的称号，随后他便在长达十几年的时间里统治了这项运动。

连续六届的世界锦标赛冠军，35 次打破世界纪录，作为昔日男子撑竿跳高的霸主，布勃卡取得了无人能及的成就。但他并没有固守取得的成绩，而是在保持原来成绩的基础上不断地提高自己。在每次比赛时，他都把高度提高 1 厘米。最终他从 6 米的成绩一直升高到 6.25 米。

当记者问布勃卡为什么每一次都能将成绩提高 1 厘米？只听布勃卡感慨地说：“如果当初就把目标定在 6.25 米，没准儿我早就被目标吓倒了。而我每次把目标定高出 1 厘米，那么每次都会有所提高。”

我们通常遇到这种情况，在给自己设定目标的时候，总是设定那个终极目标。但在实行的过程中，却常常因为不能一步到达那个目标而心灰意冷。我的一位作家朋友曾经便是这样。

当初上学的时候，他的学习一直名列前茅，作文更是经常登上各类报刊。老师曾经对他的父母说，以他的学习，考一所好大学是轻而易举的事情。而他的理想便是做一名文学家，而且他也在努力地朝这个方向行走着。

但是在他初中毕业那年，父亲突然生病。父亲的病不但花光了家里所有的积蓄，还借了许多外债。最终也没能挽救回父亲的性命。父亲下葬那天，学校正好送来了录取通知书，望着满面伤悲、心力交瘁的母亲，他什么也没说，默默地把重点高中的录取通知书一并烧给父亲。不过，他的理想并没有化成灰烬。

为了生活，他随着打工的流动大军去往大都市里。他做过建筑工人，卖过报，当过小商贩，无论生活多么艰辛，他的梦想都一直没有丢弃。在闲下来的时候，别的工友都出去玩耍，只有他在宿舍里伏案写字。虽然他的工作经常变动，但唯一不会变的就是每天写字。朋友和亲人都劝他，那么多有着大学学历的人都不能走这条道路，更何况他只是一名初中生。但是他并没有退缩。当他把债务还清后，第一笔钱便拿来买了一台电脑。他要圆自己的文学梦。经过不懈努力和坚持，他在短短的 3 年时间写出 200 多万字。

但是，投稿的时候他却面临着一次次的碰壁，这让他心生绝望。那天，在经过又一次碰壁后，心灰意冷的他抱出所有的书稿，准备将他们扔进火盆里。恰好在这时，他看到了电视上采访布勃卡的新闻。

布勃卡的话让他豁然开朗：自己之所以绝望，就是因为梦想太大，如果把梦想缩小到 1 厘米，那么便一定能够实现。第二天，他去图书馆买来了高中的书本认真自学，其间，他的文章开始发表在各大报刊上。但是他并没有骄傲，学完高中课程后他又报名上了电大汉语学科，当他把大学的课程学完后，他的文章已经得到了许多杂志社的认可，现在他已经是省级作家协会会员，而且还出版了 3 本小说。

苏格拉底说："世界上最美好的事情，莫过于为梦想而奋斗。"生活中没有梦想的人，是最可怜的。因为没有梦想，便不懂得奋斗。只有在奋斗中，才能找到作为一个人幸福和快乐的意义。梦想的实现，是一个人存在的价值体现。

要实现梦想，只是靠空谈是做不到的，梦想的实现靠实干。虽然说梦想一旦付诸行动，就会变得神圣。但在通往这份神圣的途中，却存在无数障碍。像我的作家朋友，从一个初中毕业就不得不辍学的打工仔，到出版畅销书的作家，这一路上，他跨越了数不清的障碍。

别人看到的都是梦想成功者的成绩和辉煌，却不知道在跨越障碍的过程中，有多么艰辛和困难。为了追寻梦想，不得不放弃安逸和快乐。当别人在推杯换盏，歌舞升平时，追求梦想的人却在伏案工作，在训练，在学习，在与失败作斗争。

辛苦倒也罢了，还要承受外界的目光：梦想实现了，被称之为理想。梦想实现不了，就会被称之为幻想，还会背着被世人讥笑为“不切实际”“疯子”的骂名。追求梦想的人，心理素质要足够强大，才能抵挡住这些来自外界的嘲讽和讥笑。

一个真正追求梦想的人，外界的影响不是最可怕的，因为他们知道自己想要什么。最可怕的是来自追求梦想者自己的内心。有时候梦想太远大，一时半会儿实现不了，便会急躁起来。总看不到梦想的成功，让人很气馁，很沮丧。负面情绪积压到无法承受的时候，就会想到放弃。

那些没有放弃的人，便是学会把梦想分开来实现的人，就像布勃卡那样。一个马拉松运动员要跑 50 公里是很有难度的，但要是让他跑完 5 公里，再继续下一个 5 公里，这样只需完成十个 5 公里，他便跑到尽头。

我们在奔向梦想的路上常常半途而废，有时是因为梦想太大，而不是我们没有那份潜力。如果我们把梦想缩小到 1 厘米，实现起来就容易得多。而每一个 1 厘米都是一个台阶，踩着这些台阶，我们才会稳稳地攀上梦想的高台。

只要坚持，你就一定能够成就你自己

梦想越是崇高，在追求梦想的过程中，我们越会遇到更多困难。不要担心，就像克雷洛夫说的那样："现实是此岸，理想是彼岸，中间隔着湍急的河流，行动是架在河流上的桥梁。"想要到达彼岸，我们就必须行动起来。

近日，一位名叫菲利帕奇的前南斯拉夫男子获得哥伦比亚大学的学士学位，他的经历感动并激励了全美乃至全世界的亿万民众。

他去美国之前在南斯拉夫黑山一个农家庄园的农场做工，为了躲避战乱，他只身逃亡美国，过着流浪汉的生活，面对残酷的命运，他没有自暴自弃，而是选择读书学习。经过 19 年的不懈努力，菲利帕奇从一名对英语一窍不通的流浪汉，到成为哥伦比亚大学的一名学士，他创造了人生奇迹。

1960 年，菲利帕奇降生在前南斯拉夫黑山的一个农户家里。他从小就酷爱学习，但父母虽然经营着一个小小的农场，生活却依然穷困窘迫，他们没有钱供儿子上学，菲利帕奇小小年纪便退学回家，在农场里做帮手。

虽然生活艰辛，但菲利帕奇并没有放弃希望。无法进学堂学习，他便报名参加贝尔格莱德的法学院自学课程。他白天帮助父亲经营农场，夜里看书学习。

提到那段艰难的求学时光，菲利帕奇说："作为一个半工半读的学生，我当时仅须考试时到场。我每次都是坐 8 个小时的通宵火车前往应考，然后返回农场当帮手。"

自学是所有学习中最需要毅力的一种。加之没有老师指导，所以虽然自学了好几年，但菲利帕奇的成绩并不理想。

到 1990 年，已经 30 岁的菲利帕奇为了更好地学习，便和一个朋友在校园附近租了一处房子，这样可以更加专注地学习。就在菲利帕奇发愤学习时，纷乱的战火搅乱了百姓的生活，也搅乱了菲利帕奇的学习计划，他被牵扯到战争中去。1992 年，无奈的菲利帕奇拜别父母和兄弟离开被战争蹂躏的家园，只身逃往美国。

初到美国的那段日子，菲利帕奇过着狼狈的生活。因为他只会几个简单的英语单词，对英语简直是一窍不通，所以根本没有人聘用他。找不到工作，没有生活来源，菲利帕奇只能流浪在纽约的街头，他睡过街头长椅、地铁站、隧道，也曾被别的流浪汉欺负。

在那段看不到希望的日子里，菲利帕奇并没有消沉颓废，他一边流浪，一边努力学习当地人的语言。经过一段时间后，他终于可以用英语与人交流，虽然说得磕磕巴巴，但他总算可以找到工作了。菲利帕奇并没有满足于此，他一边勤奋工作，一边到纽约当地的一所高中学习英语，经过 7 年的勤奋努力，他闯过了语言关，说得一口流利的英语。

菲利帕奇的勤奋好学感动了一位语言老师，他指引菲利帕奇去哥伦比亚大学谋职，这样就可以获得在学校免费选修课程的福利待遇。这位老师的指引再次激起菲利帕奇的梦想。他决心要进入哥伦比亚大学深造。经过申请，他成为哥伦比亚大学的一名清洁工，如愿地选修了古典文学专业。

在哥伦比亚大学工作的日子里，菲利帕奇每天上午去旁听课程，下午就开始打扫卫生一直工作到夜里 11 点。回到宿舍后，菲利帕奇已经累得筋疲力尽，但他依然坚持温习完当天的功课才休息。提起那段学习的时光，菲利帕奇说："有时候我会遇到很多困难，也特别累，但我没有放弃。"

虽然教授们对这个"蹭课"的学生都报以宽容友好的态度，但许多同学不明就里，每次看到他在校园里清扫垃圾，总是会投来惊诧的目光，甚至有些人会讥讽他。比起身体的劳累，精神上的排斥更让人难以承受。不过面对别人的嘲笑，菲利帕奇却并不放在心上，只是报以淡淡的微笑。在他看来，这样的学习机会是那样宝贵，他不能让任何的外界因素毁掉它。

任何一份辛勤的付出总是有回报的。哥伦比亚大学的古典文学专业一共有 30 多门课程，菲利帕奇每年修学两门课程，而每次他都以优异的成绩顺利通过严格的考试。2012 年 4 月，在经过 19 年的学习后，菲利帕奇终于读完了全部课程，以优秀的成绩取得古典文学学士学位，这一年，他 52 岁。

如今的菲利帕奇已经成了哥伦比亚大学的名人，但他并没有辞去清洁工的工作，因为他还要打算继续攻读硕士或博士学位。他说："我只是实现了一半梦想，我的梦想是要攻读博士学位，所以我还会继续读下去。"

梦想是我们对于美好事物的憧憬和渴望，因此，我们每个人都有梦想。但现实和梦想总会有这样那样的差距。但比起菲利帕奇的境遇，我们要幸运很多。我们有父母供读，无须为生活来源操心，我们有安静的教室，不怕被战火的炮弹袭击。我们有安定的社会，不用为生存辗转逃亡。但就是有这么好的现实环境，我们却不能像菲利帕奇那样，实现自己的梦想。知道为什么吗？就是因为我们比他少一样东西：坚持。

很多人有了梦想，但他们觉得梦想离自己是那么遥远，是遥不可及的东西，于是只是在梦里想想，醒来后继续安于现状，过着墨守成规的生活。这些人是一点坚持都没有付出的，其实，这些人又何曾真切地拥有过梦想呢。

还有一部分人，相信梦想可以凭着智慧实现，而且他们也坚信自己是有智慧的人。于是设定了远大的梦想。但他们又不想付出汗水，于是便用各种钻营取巧的办法，试图寻找一条捷径实现梦想。但他们却不知道，这样子的他们并不是智慧，只是小聪明罢了。这些人虽然坚持了，但只是凭着小聪明是不可能实现梦想的，弄不好还会为自己招来灾祸。

俞敏洪说："一个人要实现自己的梦想，最重要的是要具备以下两个条件：勇气和行动。"可见光有聪明和勇气是不够的，我们需要付诸行动。一旦付诸行动，我们的梦想就会变得神圣起来。

虽然在实现梦想的过程中，我们没有菲利帕奇那样多的障碍，但却也是困难重重的。如果一个梦想轻而易举就实现了，那只能算得上是渺小的梦想。歌德说："不要怀有渺小的梦想，它们无法打动人心。"而且一个人的理想越崇高，他的生活也就会越纯粹。想要让自己的生活变得纯粹起来，并收获巨大的喜悦和快乐，那么就把梦想设定得高一些，大一些。

梦想越是崇高，在追求梦想的过程中，我们越会遇到更多困难。不要担心，就像克雷洛夫说的那样："现实是此岸，理想是彼岸，中间隔着湍急的河流，行动是架在河流上的桥梁。"想要到达彼岸，我们就必须行动起来。像菲利帕奇那样，去做你自己最想做的事情，不要被年龄、经济、环境等外界因素局限了你。只要坚持，你就一定能够成就你自己。

你的坚持所创造的价值

放眼看去，世上凡是成功的人，又有哪一个不是靠坚持走到尽头的。想要在这个世界上获得成功，就必须坚持到底，至死也不能放手。人生需要一些坚持，只要是正确的事情，哪怕是要经历一次次的失败，都不要放弃。

沃克与哈迪认识的时候，才 7 岁。两个人住在同一个小镇，他们一起上小学，上中学，可谓是青梅竹马。沃克告诉哈迪，等到他们 18 岁成年那一天，他就迎娶她做他的新娘。哈迪满心欢喜地等待那一天的到来。

可在沃克 17 岁那年，他收到了英国皇家空军学院寄来的录取通知书。这可是一所著名的学校，但凡进去上学的人就意味着前程一片光明。因此，当哈迪得知这个消息时，便鼓励他去上学。而沃克却是想不去的，因为他想要与她相守在一起。

得知沃克的心思，哈迪很受感动。他是那样深地爱着她，为了她，他可以放弃一切名和利。可是越是这样，她越不能自私地将他禁锢在自己身边，因为从小母亲便告诉过她，一个男人的人生中只有爱情的话，不会是完整的人生。于是，哈迪告诉他，她想要看着他驾驶飞机翱翔在湛蓝的天空。

为了恋人的梦想，沃克加入了英国皇家空军学院。临走前，哈迪告诉他，她会等着他回来娶她。沃克也在心中暗自向她承诺，等他回来时，他一定要在 3000 米高空的机舱里向她求婚。他要给她最浪漫的婚礼。

感情炽烈的情侣最难承受的就是离别的折磨，而且他们正好是情窦初开的年纪。为解相思之苦，他们每个礼拜都会给对方写信。每次收到哈迪的来信是沃克最开心的一件事情，他会把她的信件放在贴身的地方，细细读了一遍又一遍，直至通篇都背熟下来。而他们的爱情则是激励他上进的力量，因此他的学习在学院里一直名列前茅。

在学院的最后 3 个月，沃克要去一家军事机场实习，按照规定，去军事机场的实习生是不允许与家人联系的。因此，他们无法通信。他把这个消息告诉哈迪时，她安慰他说："3 个月很快就会过去的，她会一直等他实习完毕。"他怀着眷恋和满腹牵挂踏上实习的道路。

恰如哈迪说的那样，3 个月一晃而过。毕业时，当沃克拿着学院颁发的奖状和飞机技师应聘书兴冲冲地回家乡准备向她求婚时，才发现，已经找不到哈迪了。他与她失去了所有的联系。沃克疯了一般到处寻找她，但是就连她的家人都好像蒸发了一般，找不到丝毫的线索。眼看上任时间将近，绝望的沃克只好拿着应聘书回到了机场。

身为飞机技师，沃克经常周游世界。他不但工作有成，而且经过岁月和爱情的洗礼，他已经蜕变成一个成熟自信的男子，他赢得许多美女的芳心。但沃克却对这些丝毫不动心，他对待任何一位美女都是谦和有礼，却从不与她们深交。每到夜深人静的时候，他便会取出哈迪写给他的信件细细品读。他想不通她为什么要消失不见，但是他也坚信，她是爱他的，他期盼着某一天她会突然出现在眼前。

65 年后，沃克已经是 82 岁高龄的白发老人，他想自己的生命快要走到尽头了。他决定回到故乡，哪怕死，他也要死在与哈迪相恋的地方。奇迹发生了，也就是在那个地方，沃克遇见了哈迪。虽然她已经满脸皱纹，可是他依然一眼就认出了她。

原来，当年一场突然降临的灾祸让哈迪失去了记忆，为了不让她痛苦，父母悄无声息地带着她迁徙他乡。后来，哈迪的记忆逐渐恢复，但是她已经身为人妻，为了忠于丈夫和婚姻，她只能把曾经的爱情深埋在心底，直到丈夫 63 岁那年去世。哈迪是那么想去找沃克，但她又怕沃克看见衰老的自己会失望，所以她依然没有去找他，只是搬回到故乡来，居住在与他相恋的地方。一对眼含热泪的情侣在跨越 65 年时光后，终于紧紧地拥抱在一起。为了这一刻，沃克坚持了 65 年。

这件事情惊动了媒体。当记者去采访沃克时，他说："我要感谢一种名叫'坚持'的东西。正是因为它，我才等来了我未完待续的爱情，和我生命中最在乎的人。"

沃克和哈迪爱情的完美结局，是靠坚持来完成的。世上那么多著名的作品，又何尝不是靠坚持创作出来的，比如司马迁在监狱里写

《史记》，曹雪芹在穷困潦倒中写《红楼梦》，等等。恰如约翰逊说的那样：“伟大的作品不是靠力量，而是靠坚持来完成的。”

爱情和作品如此，成功的事业和人生也是如此。放眼看去，世上凡是成功的人，又有哪一个不是靠坚持走到尽头的。想要在这个世界上获得成功，就必须坚持到底，至死也不能放手。人生需要一些坚持，只要是正确的事情，哪怕是要经历一次次的失败，都不要放弃。

有坚持的信念不难，但该如何坚持下去，却是一件难事。遇到失败和困难，想要退却时，就想一想：如果我被这件事情打败了，那么我再去做别的事情还要从头再来。然后告诉自己，定定心吧，不要怕，我们已经在路上了。往前走，只会越来越好。有了这样的信念，自然也就坚持下去了。

在人生的路上，人人都可以成为自己幸运的建筑师。而这份幸运，便是指“坚持”。

在希望与失望的决斗中，坚持是希望锋利的武器，它能够削掉一切失望的羁绊。失败以后务必一定要记住再坚持一次，最终你一定会看到你的坚持所创造的价值！

如果沃克不坚持，他的爱情之花不会开放，就不会在有生之年等到他的爱人。如果司马迁和曹雪芹不坚持，他们的文学之花不会开放，中国文坛上就不会有《史记》和《红楼梦》这样的巨著。如果你不坚持，你的生命之花也不会开放。